グローバル社会を歩く⑦

高級化するエビ・簡便化するエビ

グローバル時代の冷凍食

祖父江智壮・赤嶺 淳 [著]

グローバル社会を歩く研究会

はじめに

　本書は、2014年1月に祖父江智壮さんが名古屋市立大学・人文社会学部・国際文化学科に提出した卒業論文(「エビ食生活誌——エビを買って食べて、考える」)を出版用に大幅に加筆修正したものである。

　本書が収められたブックレット「グローバル社会を歩く」シリーズの目的は、調査してあきらかになったことを報告し、調査に協力してくれた方がたに還元するとともに、その成果をひろく社会に問いかけることにある。調査結果の速報的価値にくわえ、より広範な読者層を重視するため、「学術論文」にもとめられる分析枠組などは、あえてもとめていない。

　というのも、同シリーズは、研究を、いわゆる職業研究者（わたしもそのひとりであるが）だけが独占すべきものではなく、もっと多様な人びとも参加すべき社会的行為だと位置づけているからでもある。その意味において、今回、祖父江さんが卒業研究としてとりくんだ「エビ研究」の成果を同シリーズの7号として公刊できることをうれしく思っている。

　わたしは、この3、4年ほど、「食生活誌学」なる構想をあたためてきた。食・生活・誌という3語から構成される、この着想は、「誌」という用語からも察せられるように、わたしが学んできた民族誌学（ethnography）と呼ばれる、ある民族社会で観察される事象を、断片的に記述するのではなく、それぞれを互いに関係づけて、その民族社会の様子をシステマティックに解釈しようとする学問を意識してのことである。

もちろん、ここで観察・考察の対象とするのは、「食」をふくむ生活の総体である。具体的には、高度経済成長期を境として、わたしたちの生活が激変したことを念頭に、ここ50、60年間の食卓の変遷を追いながら、わたしたちの生活——それは、とりもなおさず、日本社会を意味するが——を理解したいと考えている。

　では、どのようにしたら生活を切りとることができるのか？　生活の基本は衣食住だとされる。なかでも、食は、なにを食べるかという選択を通して、「人類と自然」の関係性の中心に位置するし、「共食」なることばがあるように、「神と人間」、「人と人」とのコミュニケーションのツールでもある（「おなじ釜の飯を食う」ことで、仲間意識が高まることは、だれでも経験したことがあるだろう）。だから、こうした、さまざまな関係性の核としての「食」に注目したいのである。しかも、抽象的にではなく、具体的にさまざまな関係性を跡づけることが可能となる。

　グローバリゼーションとも評される今日、アジアにかぎらず世界中から食材が集まってくることは、周知のことである。だが、いかにして、こういう状況が誕生したのかについては、簡単に説明できることではない。だからこそ、「その食材は、いったい、だれによって、どのように生産され、どのようにして日本で流通するようになってきたのか」、「それは、どういう料理に調理され、どんなシチュエーションで食べられているのか」といった「食」にまつわる事象をマニアックに記述し、それぞれの事象を食生活全体のなかに位置づける必要があるのである。

　商品の生産から流通、消費のチェーンを俯瞰する研究は、「モノ研究」と呼ばれることがある。その先学は、本書でも繰りかえし言及されるバナナ研究で有名な鶴見良行さんであるし、エビ研究で有名な村井吉敬さんでもある。両者

による研究は、わたしたちがみずからの食環境を向上させてきた裏側で、フィリピンやインドネシアの人びとや、かれらの生活環境が搾取されてきたことをあきらかにしてくれた。

　食生活誌学も、たんなるグルメ・カタログにおわらず、食産業の全体を俯瞰しながら、「食」に代表されるわたしたちの生活様式と、地域社会なり、地球環境なりとの関係性を批判的に追求し、少しでもあかるい社会の構築に貢献したいと思う。

　本研究は、江頭ホスピタリティ事業振興財団による2013年度研究開発事業研究助成「現代社会における食生活誌学の意義と可能性——高度経済成長期における食生活の変容に関する基礎資料の収集と作成」に負っている。まだまだ歩きはじめたばかりの「食生活誌学」に関心を寄せてくれ、支援してくれた同財団に感謝します。

　　　　　　　　　　　　　　　　　　　　　赤嶺　淳

目次

はじめに
　　　　　赤嶺 淳 …………………………………… 3

冷凍エビを食べる
　　──チンとジュ〜の食生活誌
　　　　　祖父江 智壮 ……………………………… 9

ローカルな舌とグローバルな眼をもつ
　　──市場通いの食生活誌
　　　　　赤嶺 淳 …………………………………… 85

点と点をつなぐ
　　──解説にかえて
　　　　　赤嶺 淳 ………………………………… 105

装幀　犬塚勝一
DTP　閏月社

表紙写真　エビ加工場（2007年、インドネシア・南カリマンタン州にて赤嶺淳撮影）
裏表紙写真　冷凍食品の包装（2013年、祖父江智壮撮影）
本扉写真　海老天丼（2013年、浅草の大黒屋にて祖父江智壮撮影）

冷凍エビを食べる
——チンとジュ〜の食生活誌

祖父江　智壯

1　はじめに

1.1　村井吉敬と鶴見良行の「モノ研究」

　70年間の生涯に50冊ちかい著書をあらわした村井吉敬（1943〜2013年）の代表作に『エビと日本人』[1988] がある。同書は、村井が代表をつとめたエビ研究会（通称：エビ研）の成果の一部である。エビ研とは、1973年に創設されたアジア太平洋資料センター（PARC[*1]）に設置された研究会のひとつであり、村井と鶴見良行を中心に1982年5月から1988年8月まで手弁当で活動した研究会である。エビ研は、日本の消費者が口にするエビが東南アジアや南アジアから輸入されているにもかかわらず、わたしたちが、エビの生産者の暮らす社会について無知（いや、無関心）であることに疑問を感じたことに端を発している。

　エビ研の「先輩」としては、鶴見とランドルフ・S・ダビッド（フィリピン大学）によるバナナ研究がある。鶴見は、価格と栄養価ばかりに留意してバナナを食べる消費者と、グローバル企業（多国籍企業）によって搾取されるフィリピン人農園労働者の間に存在する不平等な関係性を、戦前期のミンダナオ島開発にはたした日本人（そのおおくは沖縄人）移民の役割までさかのぼって、歴史的な構造物として告発した［鶴見1982］。このバナナ研究を端緒とす

[*1] Pacific Asia Resources Center。インターネットなどがなかった時代に、第3世界の情報や資料を収集し、発信したことがPARCの功績である。日本におけるNGO的な活動団体のはしりと言える。

る、身近にありふれたモノに焦点をあて、現代社会の矛盾をあきらかにしようとする研究戦略は、一般に「モノ研究」として知られている。

エビ研をはじめるにあたり、鶴見は、自身のバナナ研究をつぎのように総括し、エビ研究への思いを表明している［朝日新聞 1982］。

> バナナという熱帯作物について、最大の問題は、農園労働者と小地主のあまりにもむごたらしい搾取され方であり、輸出市場を四大企業が握っていることだ。農園労働者と小地主が団結すれば、大企業に対抗する力は強まるだろう。
> 　こうした問題について、消費者である日本市民は、どう対処したらよいのか。バナナなんて、今日の贅沢な食生活では、とるに足らぬ食品である。だがその学習は、今まで見えなかった世界の仕組みの一端を照らしてくれる。
> 　今年は仲間たちとエビに取り組んでみたい。（傍点引用者）

注目すべきは、鶴見はバナナ研究を進める過程で一貫して、バナナを「食うべきか、食わざるべきか」に関し、結論めいたことを発言していないことである。ミンダナオ島を歩き、調べ上げた事実を淡々と叙述することで、読者（＝消費者）であるわたしたちに、「どう対処しますか？」との問いを投げかけつづけるのだ。かれの没後、講演録をもとに編纂された『東南アジアを知る――私の方法』のなかで、鶴見はバナナ研究をふりかえり、ひとつの「失敗」を挙げている［鶴見 1995:104］。

バナナ・プランテーションで働いているフィリピン労働者への同情のあまり、バナナを食べなくなった人びとが現われてきたことです。
　この問題は非常に厄介です。ある意味から言ったら、深刻な問題です。（傍点引用者）

　鶴見は、バナナを「食うべきか、食わざるべきか」という二者択一の構図のなかでしか、バナナ農園ではたらくフィリピン人と、バナナを食べる自分たちとの関係をとらえることができない読者の姿勢を残念に感じていたにちがいない。だれがどのように生産しているのかを知らないままバナナを食べる消費者と、どのようにバナナが消費されているのかを知らないままバナナ農園ではたらく生産者の関係が分断しているのは、だれもが納得することである。だからこそ、鶴見は筆をとったのである。だが、鶴見は、農園労働者を搾取された存在としてのみとらえ、そうした搾取がおこなわれる経済行為に、無意識にみずからも荷担してしまっている現実を忘れ、「かわいそうだから、食べない」という短絡的な判断をしてしまう消費者の姿勢こそ、問題視したかったもの、とわたしは思量している。
　バナナ研究と同様にエビ研も、消費者の姿勢を問うているように思われる。そのためもあってか、エビ研のメンバーは多彩なバックグラウンドをもった人びとの寄り集まりで構成されている。村井や中村尚司などごく少数の職業研究者をのぞき、いわゆる「専門家」ではない人びとが手弁当で活動したことが特徴的だ。カップヌードルに入っているエビについて調べた大学生も、お子様ランチになぜエビがつかわれるのかを探るユニークな議論を展開するフリーのライターもいた。研究成果をまとめた『エビの向こうにアジアが見える』［村井・鶴見編 1992］は、やわらか

な文体で書かれており、「わたしたちのように、専門家でなくても調べられるのです。読者のみなさんも、みずから調べてみてください」というメッセージが行間から伝わってくる[*2]。

「モノ研究」は身近にありふれたモノに焦点をあてるからこそ、理念的ではなく、一人ひとりに直結した問題として迫ってくる可能性を秘めている。調査をつうじ、消費者の一人ひとりが、白か黒かという短絡的な思考を排し、複雑な要因のからみあう現状を歴史的に多面的に考察していけるように成長していくことが、「モノ研究」のねらいではないだろうか。

1.2 インドネシアのエビ養殖池にて

「お前は、日本でどうやってエビを食べるんだ？ いつ食べるんだ？ 日本ではエビはいくらなんだ？」

2011年5月26日、インドネシア共和国、南スラウェシ州、マロス県のエビ養殖池でのことだ。村井が『エビと日本人』で描いた世界を追体験したくて訪問したマロスのエビ養殖池で、いきなり、わたしはこう質問された。

*2 エビ研は研究成果の還元方法も工夫しており、『奪われたエビ』[1989]というスライドを製作し、視覚的にも理解できるようにした。

写真1-1 エビ養殖池が広がるマカッサル市の海辺(2005年9月、赤嶺淳撮影)。

[地図] インドネシア全図とマロスの位置

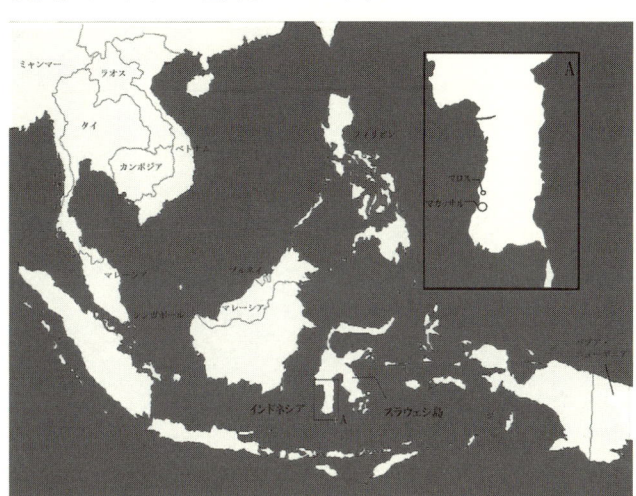

＊3 当時のレートは、1Rp＝0.0095円であり、100,000Rp＝950円となる。

＊4 わたしは、2011年3月17日から1年間、インドネシア共和国・南スラウェシ州・マカッサル市に長期滞在していた。

　南スラウェシ州の州都マカッサル市からホンダ製のオジェ（バイクタクシー）に乗り、100,000Rp[*3]を支払い、マロスへ向かった[*4]。村井が調査した1983年は、マカッサルからマロスへの道のりは石ころの広がるゴトゴトした通りで、ほこりっぽかったそうだが［鶴見 2010:268］、現在は、きれいにコンクリートで整備されていた。マロスでは、サプルディンさんの家に寝泊まりさせてもらった。サプルディンさんは、39歳で、高校生の長男と、中学生の長女を子にもつ父親である。かれは、村役場で秘書として勤務しながら、保有している養殖池の収穫から副収入を得ていた。エビの養殖池を見学したくてマロスに足を運んだものの、知りあいもなく、途方にくれて村役場をおとずれたわたしに手を差し伸べてくれたのがサプルディンさんであった。ほとんどインドネシア語がしゃべれないころのことであったが、「エビの養殖池が見たい」という思いが伝わったらしく、「わたしの家に泊りなさい」と快諾してくれた。

写真1-2 マロス県のエビ養殖池（2011年5月、筆者撮影）。

サプルディンさんの養殖池では、エビとサバヒーが混殖されていた*5。かれは、この養殖池の片隅で火をおこし、サバヒーを焼き、突然の訪問者のわたしをもてなしてくれた。サバヒーは、小骨もおおい

写真1-3 サバヒーを焼くサプルディンさん（2011年5月、筆者撮影）。

うえ、ウロコがうまく処理できておらず、食べるのに苦労した。サバヒーを食べ終え、骨を養殖池に投げ捨て、わたしがあれこれとエビのことを訊こうと思った矢先、サプルディンさんが切り出したのが、冒頭のことばである。不意をくらったこともあったが、わたしは、かれの質問にたいして十分な返答をすることができなかった。

村井は『エビと日本人』のなかで、消費者の責任について、「『ただ買う人、ただ食べる人』ではなく、売る側の事情を知ることが必要であり、売る側の事情を知ってこそ自覚ある消費者である」と力説している［村井 1988:213］。

*5 サバヒーの養殖は、インドネシアでは、200年以上前からおこなわれていた。サバヒーの活発な動きによって水中の酸素が補給されるため、エビと同じ池で混殖される［村井 2006:9］。

写真1-4 サバヒー（2013年5月、フィリピン・ボホール州にて赤嶺淳撮影）。

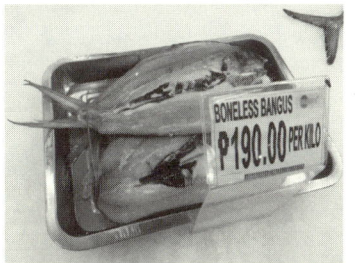

写真1-5 フィリピン・アルバイ州のスーパーマーケットで売られていたサバヒー。小骨がおおいため、小骨が取られて販売されていた（2012年8月、筆者撮影）。

そして、「エビを獲り、育て、加工する第3世界の人びととエビ談義ができるような、生産者と消費者のあいだの、顔の見えるつき合いを求めてゆきたい」とエビ研究者としての決意を表明している［村井1988: 217］。

わたしは、この村井の思いに誘起され、エビの養殖池に足を運んだ。たしかにエビ生産者のことを知りたいと意気込んでいた。だが、そこで痛感したことは、生産者の事情に目を向ける以前に、自分のエビの消費行動に目を向けていなかったということであった。「自分が日本でどのようにエビを食べているのかということを十分に理解していなかった」だけでなく、「知ろうともしていなかった」という現実に気づき、ハッとさせられた。自分のエビの消費行動を理解せずして、インドネシアのエビ生産者との対話など成立するはずがない。肩すかしを食らって、わたしはマロスの養殖池をあとにした。

1.3 目的と構成

わたしは、サプルディンさんの一言から、生産現場を歩くことだけでなく、消費現場を歩くことも必要であることを痛感させられた。自分のエビの消費行動を理解することが、村井の言う、「生産者と消費者の顔の見える関係」構築の一歩となるはずだ。

この認識を出発点とする本稿は、わたし自身のエビ消費への理解を深めることを目的としている。具体的には、スーパーマーケットでエビの入った冷凍食品を買い、食べてみることを中心に、いままでは無自覚／無関心であったエビ消費の実態を解きほぐしていく。その際に、高度経済成長期の社会環境および、生活環境の変遷――いつからスーパーマーケットで買い物するようになったのか、電気冷蔵庫が家庭に入ってきたのはいつなのか――に眼を配りたい。なぜなら、スーパーマーケットで冷凍食品を買って、食べるという行為は、高度経済成長期に台頭したスーパーマーケットや、「三種の神器」のひとつとして各家庭の生活必需品となった電気冷蔵庫の存在なくして語れないからである。

　本稿の構成は、つぎのとおりである。まず、第2章において1961年にはじまったエビ輸入自由化の様相を略述し、日本におけるエビ輸入史を俯瞰する。そして、第3章では、近所のスーパーマーケットに陳列してあったエビ入りの商品を洗い出し、スーパーマーケットでエビ入りの商品を購入することが、いかに「冷凍」という技術の発展に支えられているのかをあきらかにする。そのうえで、第4章では、日本における冷凍技術の揺籃期である1920年前後から戦前までの冷凍事情を略述する。冷凍技術の発展経緯に注目することで、冷凍技術の推進は、国内の食糧事情の整備、第2次世界大戦中の陸海軍の食糧調達など、日本社会の変化とともにあることが看取できよう。同時に、当時の主流であった対面販売という購買環境が、冷凍品が一般家庭に浸透しなかったことの主因であった、ことも指摘しておきたい。

　このことを検証するため、第5章では、1960年代にスーパーマーケットが台頭する以前、エビが市場の小売店でど

のように販売されていたのか、という点を「聞き書き」にもとづき描写する。そして、スーパーマーケットで買い物することと、市場の小売店で買い物することの差異について消費者の視点から検討したい。つづく第6章でも、「聞き書き」にもとづき、高度経済成長期に電気冷蔵庫が普及し、家庭内の台所環境がさま変わりしていく過程を詳述する。そして、台所環境が変わりゆくなかで、どのようにわたしたちの食生活に冷凍という新しい利便的な手法が浸透していったのかをあきらかにする。第5章と第6章から、購買環境と台所環境の変化をつうじ、冷凍食品がわたしたちの食生活のなかで確固たる存在感をもつにいたったことがわかる。

　期せずして、この時期は、日本のエビ輸入量が飛躍的に伸びた時期に相当しており、エビフライはもとより、シュウマイ、グラタン、中華丼の具など、多種多様な調理冷凍食品にエビが使用されるようになった。このような調理冷凍食品につかわれるエビは、どこで獲れた、どの種類のエビなのか、ということを第7章で検討し、わたしたち消費者が種や産地に無頓着なままに、エビ入りの冷凍食品を消費している実態をあきらかにしよう。

2　エビ輸入自由化のはじまり

　「揚げたてのえびフライは、口の中に入れると、しゃおっ、というような音をたてた」

　1979年に上梓された三浦哲郎の小説『盆土産』の一節である［三浦 1989］。この小説は、1960年頃が舞台となっており、東京ではたらく父親が盆に帰省したとき、主人公の姉弟に「えびフライ」をお土産に買ってきたくだりでのことである。「えびフライ」という未知の食べ物にであ

い、それを食べた瞬間の歯ごたえが、「しゃおっ」という音で表現されている。奇しくも、作者が『盆土産』を単行本化した1989年に名古屋市で生まれたわたしにとって、エビを食べることは特別なことではなく、その感動を追憶する音も思いつかない。

大蔵省が発刊する『日本外国貿易年表』に「えび(生鮮または冷凍のもの)」という項目がはじめて登場するのは1952年で、輸入量はわずか18,935キログラムであった。[*6] もちろん、1952年以前にもエビは輸入されていたであろうが、[*7] 同年以後、エビの輸入は拡大する。こうしたエビ輸入の開始と発展の道程については、エビ輸入にかかわった人たちへのインタビュー集『輸入えび20年史——100名と語る、昔、今、未来(あした)』[都筑・藤本編1982]からうかがい知ることができる。

第2次世界大戦後、通商産業省が一定の輸入実績のある業者にたいし、四半期ごとにI/L(インポートライセンス)を発給し、そのライセンスを所持する特定輸入業者のみが、

*6 1952年に輸入されたエビ18,935kgの内訳は、韓国からが18,276kg(約97%)と断トツであり、つづいて米国から432kg、メキシコから227kgであった。

*7 エビの輸入が自由化される以前、日本人の食べるエビは、ほとんどが国産エビ(シバエビ、トラエビ、アカエビ、サルエビなどの小型のエビ)だった。1950年代のエビの国内生産量は、年によって変動があるが、3万〜6万トン程度である[村井1988:2]。たとえば、1952年においては、輸入量が19トンで、国内生産量が45,148トンと、国内生産が大半を占めていた[農林水産省1979:16]。

[図1] エビ輸入量の推移(1952-2012)(活きエビ、イセエビ(ロブスター、オマール)を除く)

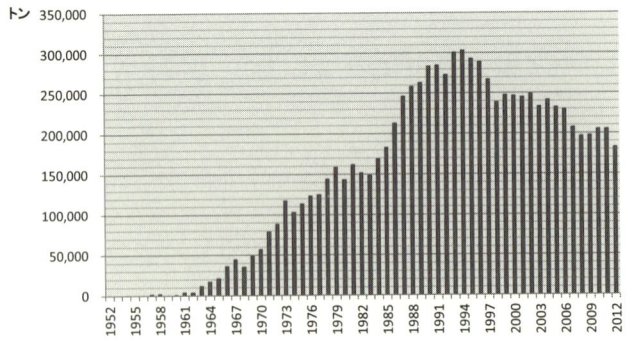

出所:『日本外国貿易年表』(1952-1961年)ならびに『日本貿易月表』(1962-2012年)より筆者作成。

輸入割当制度のもとでエビを輸入することができた。とはいえ、エビにかぎったことではなく、このような輸入割当制度のもとでの輸入は、すべての農水産物が同様であった。戦後の復興経済下で自国の産業保護を第一に優先するという日本政府の貿易方針が背景にあった。

　この方針の転機となったのは、1960年1月に貿易為替自由化促進閣僚会議が発足し、同年6月に「貿易・為替の自由化計画大綱」が示されたことである。この大綱には、「最近の日本経済は、その高い経済成長を国内物価の安定と国際収支の黒字基調の下に達成しつつあり、今後とも施策よろしきを得れば、高度成長の持続と相まって自由化をさらに推進し得るものと判断される」と書かれており［有沢・稲葉編 1966:370-372］、事実上の市場解放の宣言と言える。この市場開放の契機は、国際通貨基金が、1958年に日本にたいし、国際支出上の理由で貿易為替制限をおこなわない国際通貨基金8条国への移行を勧告したことである。

　そして、輸入自由化の口火を切ったのが、エビであった。大手総合商社の丸紅の社員であった青柳義正（1927年生まれ）は当時の国内情勢も交えながら、エビ輸入自由化に踏み切った経緯をつぎのように解説している［都筑・藤本編 1982:36-37］。

　　昭和35年は日本の貿易・為替の自由化促進に一時期を画した年でした。この年の1月には、貿易為替自由化促進閣僚会議が内閣に設置されて、商品別自由化計画、為替自由化計画が決定公表され、輸入自由化の実施が日程に上り、いよいよ先進工業諸国の仲間入りのための準備が始まりました。今でこそ輸入自由化は、当然のことと各業界とも受け止めていますが、当時は

各商品、各業界それぞれ複雑なお家の内部事情がからみ、自由化への拒否反応がきわめて強かった時代です。それもそのはず、各業界とも、戦後の混乱期を乗り切り、どうやら生産活動が軌道に乗りだして、一息つけるかなと思ったやさきに、今度は先進諸外国の企業と競争を強いられて、雨風激しい国際社会へ放り出されるのですから、各企業・業界ともしりごみするのももっともなことでした。

　ここで、そのころの世情をふり返ってください。昭和35年6月、当時の岸首相は政治生命を賭して、安保条約批准を強行して、7月には総辞職、そして池田内閣へとバトンタッチされて、あの有名な国民所得倍増計画が高らかに打ち出され、安保騒動に揺れた国民の関心を、生活・経済面に誘導して、たかぶった国民感情を徐々に鎮静化していったのです。また、対外的にも国際社会の一員として、貿易の自由化に積極的に順応していくことを表明しました。建て前と本音の違いは、いつの世にもあることで、輸入自由化を基本的には受けいれながらも、自身の扱う商材の場合にはなるべく実施を遅らせようと業界ならびに、所管官庁ともども抵抗を示しました。それもそのはず、外貨割当制度というのは、確定利益を保証してくれる、ほんとうにありがたい制度であったのです。

　そんな時代背景のなかで、えびも昭和35年までは雑輸入品として、四半期ごとにI/Lが発給されていました。年間割当量は、1000トンにも満たない数量でした。36年3月、恒例により35年度第4四半期のI/L申請受付けが行われました。池田内閣の所得倍増計画に景気づけられて、各商品の輸入意欲が一段と高まりだした時期です。このときのえびのI/L申請件数は、

200件を超える盛況ぶりで、各社ともダミーを担ぎだしてはせっせと水増し、申請に余念がありませんでした。

（中略）先ほども申し上げましたように、自由化移行への抵抗はどの業界にもあり、特に農林省関係物資は、その傾向が強かったのも事実で、通商産業省（促進派代表）と農林当局（保護派代表）のやりとりは、なかなか見ごたえがありました。ところがえびに関する限り、どうやら雲行きが違うのです。当時の水産庁、水産課長池田俊也氏ならびに、同課貿易班長大武修二氏は先述したように、当時の内閣の自由化促進方針と実態とはすっかりかけ離れたI/L申請状況から、あらためて日本のえび漁業の実情調査と輸入自由化した場合の影響などをつぶさに検討された結果、自由化のメリットを確認され、I/L発給手続きの途中で、自由化商品指定を敢然と決断されたのです。当時は、業界の方々もこんなに早い時期に自由化されようとは思ってもみなかったので、その英断には驚かされました。（中略）36年4月の自由化前夜には、その雰囲気を肌で感じとった商社の買いがすばやく入り、一夜にしてロサンゼルスのえび在庫全量が日本商社によって買い取られてしまったというエピソードが、今も語り草になっています。

青柳はエビ輸入自由化のはじまった1961（昭和36）年に通商産業省を辞め、大手総合商社の丸紅に転職するという特異な経歴の持ち主である。そのような青柳だからこそ語れる、政府と商社の両方の視点を交えたエビ輸入自由化についての回顧談から、日本のエビ輸入史を語るうえで重要な節目となる1961年の状況がひしひしと伝わってくる。

ほかの農水産物の輸入自由化はどのような経緯だったのか。バナナの輸入自由化がはじまったのは、エビに遅れること2年の1963年のことであった。輸入自由化以前、バナナは「テレビのCMでチンパンジーがバナナをムシャムシャと食べているのを観て、チンパンジーがうらやましかった」と語られる果物であり［赤嶺編 2013:4］、また、「『バナナを食べすぎると疫痢になる』とおどかされて1本以上食べさせてはもらえなかった」ほどの高級品であった［大宅 1989:44］。バナナ業界の発展に情熱を傾けた二宮正之が『バナナと共に30年』［1983］という大著で、バナナ輸入自由化の沿革を書きしるしている。1950年代は、台湾バナナが主流であり、エビ同様に、輸入割当制度がとられていた。利潤が大きく、輸入すればどれだけでも売ることができたので、みながバナナ輸入の権利を得ることに必死だった。その権利を転売して儲けるペーパー・カンパニーがあったほどである。輸入割当は宝くじ抽選機で決まることもあった。宝くじ抽選機をガラガラと回し、当たり籤がポンと飛び出せば、輸入の権利を獲得できるという、俗称、ガラポン方式である。さまざまな輸入割当の分配方法が採用されたのち、1963年に日本政府はバナナの輸入自由化を決定した［二宮 1983:52-53；鶴見 1982:5］。

輸入自由化から3年が経った1966年4月16日の『朝日新聞』に「バナナはなぜ高い」というタイトルの投書が掲載されている。「主婦の立場から、バナナのずらり並んだ店先に立つたびに『もう少し安くなってくれたら』とささやかな願いを抱くのです」と書き漏らされている［朝日新聞 1966］。輸入自由化によってバナナが店先におおくならぶようになったものの、まだまだ手が届かない、という当時の状況が目に浮かぶ。

このように、1960年代はじめから、いまでは大衆的な

食べ物となっているエビやバナナをわたしたちは食べるようになり、食卓の風景は劇的にかわった。鉄の胃袋を自認する食文化研究の第一人者である石毛直道は、「一般に食生活の変化というものは、世代単位に少しずつ変わる、きわめてゆるやかに流れの方向を変えていくものである。過去においては数世代、1世紀くらいの時間がすぎさって、ようやく変化があったことがわかるような、連続的な歴史であった。政治の歴史、社会の歴史のように、短期間にがらりとさま変わりをし、昨日の体制と今日の体制が異なるというような、歴史的亀裂をもたないのが、食の歴史のふつうの姿である」と言うが、20世紀後半の日本人の食生活の変化にかぎっては、「革命の時代といってもおおげさではない」という見解を示している[*8][石毛 1989:10-11]。そして同時に、「現在の豊かな食生活は、世界中から食糧を輸入することによって成立していることを、忘れてはならないであろう」と指摘している[石毛 1989:27]。

3　スーパーマーケットにならぶエビ商品

わたしの身近には、エビがつかわれた商品はどれほどあるのだろうか。近所のスーパーマーケット（店舗面積 1,154 ㎡）に行き、陳列されているエビ入りの商品を洗い出し、表1にまとめた（2013年10月30日、愛知県名古屋市千種区調べ）。

生鮮魚売場、刺身売場（売場名は、スーパーマーケットの商品棚に掲載されている表示にもとづいている）に計5つのエビ商品があった。この5つの商品のエビの容姿は、殻も頭も尻尾もすべて剥かれているエビ（むきエビ）、頭だけが取られたエビ、殻も頭も尻尾もすべて剥かれたうえでボイルされているエビ（ボイルむきエビ）、なにも手をかけら

*8　もちろん、海外からの輸入に依存した食生活になったことだけでなく、米＝主食偏重から「おかず食い」に変化したこと、肉、卵、乳製品の動物性食品と油脂の摂取量が増大したこと、機械メーカーによって台所施設や調理道具が開発されたこと、外食産業がめざましく発展したこと、などを含めて、石毛直道は20世紀後半の日本人の食生活の変化を「革命の時代」と表現している[石毛 1989]。

[表1] スーパーマーケットに陳列されているエビ商品一覧（2013年10月30日、愛知県名古屋市千種区調べ）

売場	商品名	値段	売場	商品名	値段
生鮮魚	養殖解凍バナメイむきエビ（タイ）	178円/100g	弁当・寿司	海老天重＆讃岐うどんセット	398円
	養殖解凍バナメイ・殻つき（インド）	398円/8尾 もしくは 200円/4尾		天むす＆信州そばセット	398円
	バナメイ・ボイルむきエビ生食用（タイ）	258円/100g		洋風弁当	398円
	解凍アルゼンチンアカエビ	298円/5尾		まぐろ飯の弁当	398円
刺身	解凍むき甘エビお刺身用（カナダ）	278円/20尾		おにぎり（海老マヨ）	98円
冷凍魚	むきエビ養殖（タイ）	298円/140g		エビとチーズのグラタン	298円
	むきエビ養殖・大粒（インド）	398円/220g		冷製パスタシーフードのバジルソース	398円
	えび大・殻つき（インド）	598円/10尾		彩り冷やしそうめん	298円
	えび特大・殻つき（インド）	980円/10尾		海老といかの中華丼	398円
	シーフードミックス（イカ・エビ・貝柱入り）	398円/300g		ちらし寿司（2種類）	198円、もしくは、298円
	シーフードミックス中華風	380円/360g		寿司（5種類）	380〜498円
	えびフライ（タイ）	298円/8尾	サラダ・冷惣菜	特盛サラダ（えび）	298円
冷凍食品	えびグラタン	398円/540g（3個）		彩りサラダ盛り合わせ	398円
	えびドリア	398円/540g（3個）	お菓子	浜の彩り	318円/56枚（g不明）
	ペスカトーレスパゲッティ	148円/300g（1人前）		いかちび	208円/123g
	ちゃんぽん（Ready Meal）	248円/402g（1人前）		満月	208円/100g
	えびピラフ（Ready Meal）	248円/400g（1人前）		漁づくしえびぶつ	178円/107g
	えびピラフ（Best Price）	178円/450g（1人前）		美浜の里お好み	498円/220g
	えび＆タルタルソース	148円/138g（6個）		美浜の里お好み焼き	498円/10枚（g不明）
	野菜たっぷり中華丼の具	348円/400g（2個）		美浜の里お好み4パック	298円/100g
	エビ寄せフライ	148円/115g（5個）		美浜みりん焼き7枚入り	158円/180g
	えびがプリプリ！カップのグラタン	148円/116g（4個）		えび太くん	208円/10枚（g不明）
	えびシューマイ	148円/180g（12個）		煎りたてミックス	398円/260g
	ちゃんぽん	278円/402g（1人前）		お徳用えびお好み	298円/180g
	えびとチーズのグラタン	148円/116g（4個）		粒より小餅	158円/90g
	ごっつ旨いいか＆えびのお好み焼き	248円/294g（1枚）		あられ小餅	158円/94g
	ふわふわ衣のえび磯香り揚げ	148円/100g（5個）		えびカリ	198円/95g
練り	エビ餃子	198円/206g（12個）		海老黒胡椒	208円/100g
	エビしゅうまい	198円/144g（8個）		海老の味られ	100円/87g
畜肉惣菜	エビチリ	358円/260g（2〜3人前）		かっぱえびせん	98円/90g
水産塩干	天然えび唐揚げ	298円/250g		かっぱえびせん（韓国のり風）	108円/70g
	素干し桜えび	298円/12g		お好みミックス	198円/140g
	干しあみえび（台湾産）	198円/50g	カップ麺	えび兵衛天ぷらそば	98円/100g
揚げ物	エビフライ	78円/1本		日清カップヌードル	138円/77g
	エビの天ぷら	128円/1本		ワンタンシーフード味	98円/33g
	エビのかき揚げ	128円/1個		マルちゃん緑のたぬき	128円/101g
	エビのしんじょの天ぷら	128円/1個		天ぷらそば	88円/101g
弁当・寿司	たこめし弁当	398円		ヌードル（シーフード）	88円/75g
	天重＆信州そばセット	398円			

出所：フィールドノートをもとに筆者作成。

冷凍エビを食べる　25

写真3-1　バナメイ・ボイルむきエビ生食用（2014年1月、筆者撮影）。

写真3-2　頭だけが取られた状態で売られているバナメイ（2014年1月、筆者撮影）。

写真3-3　アルゼンチンアカエビ（2014年1月、筆者撮影）。

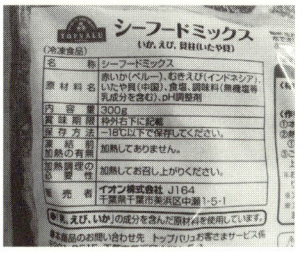

写真3-4　甘エビ（ホッコクアカエビ）（2013年10月、筆者撮影）。

写真3-5　シーフードミックスの包装（2014年1月、筆者撮影）。

れていない原形のままのエビ、尻尾だけついたままのエビ、とすべてことなっていた。値段のつけ方も、グラムで値段が決まるものが2つと、尾数で値段が決まるものが3つであった。種類としては、バナメイ、アルゼンチンアカエビ、甘エビ（ホッコクアカエビ）の3種類しかなく、意外にも輸入エビの代名詞とも言えるブラックタイガーはおかれていなかった。スーパーマーケット全体でエビがつかわれた商品は83品であったが、「どの種類のエビか」ということが明記されているのは、この2つの売場に置かれている5つの商品のみであった。わたしたちが言うところのエビは、世界中に31科2,344種あり、これらのうち商業的に漁獲されているのは、13科179種である［酒向1979:9］。しかし、スーパーマーケットでエビをつかった商品を購入するとき、どの種のエビなのかを知る

のは困難である。

　生鮮魚売場の近くに、冷凍魚売場と呼ばれる、カニ、イカ、エビといった水産物が冷凍されて陳列してある冷凍ショーケースがある。ここには、エビが単に冷凍されている商品もあったが、イカ、エビ、貝柱の3つがミックスされて冷凍された「シーフードミックス」という商品も売られていた。イカの原産地はペルー、エビの原産地はインドネシア、貝柱の原産地は中国となっており、世界中から水産物を輸入していることが一目瞭然である。

　この冷凍ショーケースとは別に、氷菓子、アイスクリーム、冷凍野菜、冷凍肉、調理済みの冷凍食品がならんでいる冷凍ショーケースがある。こちらの冷凍ショーケースの一部は、冷凍食品売場と呼ばれ、エビが使用された調理済みの冷凍食品が豊富だった。しゅうまい、グラタン、ドリア、中華丼、お好み焼き、ちゃんぽん、スパゲッティー、といった具合で、計15品にエビが入っている。

　冷凍食品売場と同じくらい、エビ入りの商品が散見できるのは、いわゆる中食（なかしょく）としての揚げ物、持ち帰り弁当、惣菜がならぶ売場であった。揚げたてのエビフライが78円/1本、エビの天ぷらが128円/1本と手頃な値段で売られているし、持ち帰り弁当の具材には、エビフライは欠かせないようだ。「たこめし弁当」、「洋風弁当」、「まぐろ飯の弁当」といったエビを想起させることのない商品名の弁当にも、ひとつの具材としてエビフライが添えられている。また、ネタの種類によって、380円から498円の間で値段に差異をつけて販売されている握り寿司の盛り合わせ（10～12貫入り）[*9]にもエビは入っていた。380円の盛り合わせには、茹でたエビのみが入っており、それ以外の値段の盛り合わせには、茹でたエビと、生の甘エビの両方が寿司ネタのひとつとなっていた。

＊9　寿司ネタ1個を「1貫」と数える場合と、寿司ネタ2個を「1貫」と数える場合があるが、ここでは、1個を「1貫」と数える。

以上にとどまらず、練り売場、畜肉惣菜売場、水産塩干売場、お菓子売場、カップ麺売場にも、エビがつかわれた商品はならんでいた。たとえば、水産塩干売場には、駿河湾特産のサクラエビと、その類似品として売られる台湾産のアミエビがあった。冷凍と冷蔵の中間と言われるチルド商品のエビ餃子、エビしゅうまいは練り売場に陳列されている。お菓子売場には、各社が嗜好を凝らして発売するエビ煎餅と、エビ入りあられが売られている。カップ麺売場では、天ぷらそばとシーフード味系のカップ麺にエビが使用されていた。スーパーマーケット全体には45種類のカップ麺が陳列されており、そのうち6種類がエビ入りであった。

もしかしたら、ペットフードにもエビはつかわれているのかもしれないと予想し、ペットフード売場も観察してみたところ、カツオ、マグロ、しらすが入ったペットフードは発見できたが、エビが入っているものは見受けられなかった。

このように、スーパーマーケットに陳列されたエビ入りの商品を観察すると、エビは変幻自在に姿を変え、冷凍食品、お弁当の具材、お菓子、カップ麺など、さまざまな商品に使用されていることがありありと感じ取れる。実を言うと、このことはスーパーマーケットでわざわざ調べるまでもなく、容易に想像がついていたし、すでにエビ研が指摘したことでもある［宮内 1989:4-5］。しかし、みずからスーパーマーケットでエビ入りの商品をさがすことで、体で理解できたことがある。それは、商品の包装表示を見るため、ひとつひと

＊10　駿河湾特産のサクラエビのかかえる問題については、北原［1992］を参照のこと。台湾産の小エビが駿河湾産のサクラエビと同種であることが1988年に認められたことによってサクラエビ市場で起きている変化について詳述されている。

写真3-6　台湾産の干しアミエビ（左・198円/50g）と駿河湾産のサクラエビ（右・298円/12g）（2014年1月、筆者撮影）。

つの商品を手に取る作業をくりかえすなかで、指先の感覚が麻痺してくるほどに手が冷えたことである。日中の気温は20℃を超えていた10月末にスーパーマーケットでエビ商品をさがし数えたのだが、ポケットにホッカイロを忍ばせながらおこなったほどであった。このスーパーマーケットにあった計83品のエビをつかった商品のうち、約25％にあたる22品は、零下18℃以下で陳列されていた。わたしが、スーパーマーケットでエビを買うという行為は、「冷凍」という経緯を経てのことであることを、冷たくなった指先を持って感じた。

4 冷凍のはじまり

4.1 冷凍はいつはじまったのか

　日本で最初に冷凍品の事業化を試みたのは、中原孝太（1870～1934年）である。中原は、法律を勉強するためにアメリカに留学し、その滞在中に、アメリカの冷蔵事業の発達を目の当たりにした。そして、日本での冷蔵事業発達の可能性を感じ、故郷の島根県米子市で、1899年に日本冷蔵商会を設立している。日本冷蔵商会は、日本海でとれる鮮魚を冷凍し、阪神方面での販売を試みた。鳥取県から汽船で敦賀湾に冷凍魚を輸送し、そこから汽車に積み替えて阪神方面に運んだのである。しかし、送り先の阪神地方には、その冷凍魚を保存するための冷蔵庫がなく、この事業はすぐに頓挫してしまった［田口1926］。

　その後、本格的な冷蔵事業をおこない、日本の冷蔵事業に大きな影響をあたえたのは葛原猪平（くずはらいへい）（1879～1942年）である。農商務省海外実業練習生としてアメリカを視察して帰国した葛原は、1918年、葛原商会株式会社を設立した。葛原は、アメリカから招聘した冷凍技師とともに鮮魚

写真 4-1　エビは氷塊に閉じ込められて輸入される（2014 年 2 月、名古屋市の柳橋市場にて筆者撮影）。

の凍結と冷蔵テストをおこない満足しうる結果を得た。そして、①産地から大消費地まで冷蔵庫を建設、②冷蔵運搬船の配置、③産地から鮮魚を大量に仕入れて、凍結後に産地冷蔵庫に保管する、④消費地の需要に応じて出荷する、⑤冷凍魚を長期保存できるという特徴を利用して、季節性の強い魚種の供給調整によって利益を得る、という事業を計画した［高宇 2004］。中原の計画とはことなり、陸上冷蔵施設を大規模に建造している。1924 年の『東洋経済新報』に葛原の事業についての記事が書かれており、それによると、宮城県の気仙沼港、北海道の渡島（おしま）半島に位置する森港を皮切りに、青森県、東京都、千葉県、静岡県、大阪府、山口県、さらには、朝鮮、露領、台湾高雄に冷蔵施設を建設している［東洋経済新報 1924］。

　葛原の事業と同時期に、大手水産会社も冷凍魚の生産に取り組んだ。たとえば、林兼商店（大洋漁業株式会社の前身）は、1920 年から 1924 年にかけて、山口県下関市に大きな冷蔵・製氷工場を設置している。共同漁業（日本水産株式会社の前身）は、1926 年から冷凍事業を本格化させていく。漁獲物の陸揚げ、輸送が円滑に進められる福岡県北九州市に戸畑漁港を完成させ、当港を管轄する戸畑冷蔵株式会社を 1927 年に設立した。戸畑冷蔵は、共同漁業が使用する年間 7 万トンの氷を供給する能力を備えていた。また、1929 年には、共同漁業の研究機関である早鞆（はやとも）水産研究会の村山威士（たけし）技師とアメリカ企業フリック社のユーデル

技師によって共同開発された急速凍結装備が戸畑冷蔵に設置された。その結果、共同漁業は凍魚において市場で絶対的な優位性を誇った［宇田川・上原監修 2011:72-76］。

　葛原の事業、そして林兼商店や共同漁業といった水産会社各社が追随したことからあきらかなように、食品を冷凍させることは、肉でも、野菜でもなく、水産物を凍らせることが事のはじまりだったのである。

4.2　国家として冷凍技術を推進する

　このように水産会社各社が、水産物を冷凍させることに果敢に取り組んだのは、当時の漁業政策と無関係でない。日本民俗学の父である柳田國男は、1930年に発表した『明治大正史世相篇』のなかで、漁船の動力化によって漁場の遠隔化がすすんだ明治の終わりから昭和初期の漁業政策をつぎにように説明している［柳田 1993:317-318］。

　　日本ではさしもに豊富であった沿海の富を漁り尽くし、あるいは少しばかり海の人口の過多を感じなければならぬかと思うころに、徐々に勢力が対岸の半島に伸びていって、朝鮮海の出漁ということが自由になった。北洋の産業は、わずかにヨーロッパ人の海獣狩りに限られていたのを、久しく北海道の漁場の不振を患えていた人たちが、ただちにその旧経験を応用する機会に恵まれた。（中略）以前は死を賭けても往来しがたかったような荒海の奥まで、天気を見定めて日帰りすることができるのも、発動機の至って単純なる装置である。

　明治政府が、遠洋漁業への開眼を促す意図から遠洋漁業奨励法を制定したのは1897年であり、静岡県水産試験場

が日本で最初の動力漁船富士丸（25 トン）を建造したのは 1906 年である。このような漁場の遠隔化をはかる動きは、1910 年代後半に米騒動が起こり、農業生産性の大幅な向上が期待できないなかで一層注目されるようになった。たとえば、インドネシア海域での日本人によるカツオ漁業の歴史をえがいた藤林泰の「インドネシア・カツオ往来記」を読むと、1900 年初頭から、いかにおおくの日本人が水産業の発展に期待を込めて、遠洋でのカツオ漁を試みたのかがわかる［藤林 2004］。

　こうした漁場の遠隔化にともなって、缶詰、練り製品といった水産加工品の生産が伸びてくる。缶詰に関しては、1905 年に全国缶詰業連合会が創設され、缶詰業の地盤を固めていく［平野 1982:24］。1900 年初頭の水産物の缶詰の生産量は、日本缶詰協会（全国缶詰業連合会を継承し、1927 年設立）にも資料が残っておらず正確には知りえなかったが、1913 年に堤商会（1906 年設立、日魯漁業株式会社の前身）がアメリカから最新の缶詰製造機を購入したことで、それまでの手工業的な缶詰工場は、現在と変わらない工業方式に画期的に変化しており［平野 1982:25-26］、着実に生産量が増えていったことは想像にかたくない。練り製品は、大正時代末期の 1920 年代から発展期を迎える。この要因は、豊富な原料魚が供給されるようになったことにくわえ、擂潰機（らいかい）、採肉機、成形機といった製造機械が発明されたこととも無関係ではない。1925 年に 46,275 トンであった生産量は、1940 年には、約 4 倍の 185,775 トンへと驚異的に伸びた［岡田 2008:4-5］。

　こうした缶詰、練り製品の製造技術の発展につづくかたちで冷凍技術も展開していき、1925 年には、日本冷凍協会が発足している。日本冷凍協会の創立披露宴には、当時の内閣総理大臣である加藤孝明をはじめ、農林大臣、商工

大臣、東京府知事などが出席しており、国家として冷凍事業の発展を推し進めようとしていたことが想像できる。創立披露宴では、日本冷凍協会の初代会長である和合英太郎が、国家全体の食糧事情のなかに冷凍事業の発展の意義を位置付けて挨拶をしている［和合 1926］。

　いま、冷凍事業は食糧問題解決の鍵となっております。日本は、国土が小さく、人口が稠密です。いまでも、年々、約 100 万の人口が増加しております。将来、いっそう、国産の食糧で自給自足することは不可能となり、食糧を海外から求めなければなりません。しかし、海外から食糧を供給するには、冷凍事業を発達させなければいけません。冷凍事業が発達すれば、食糧品の輸入は極めて容易になります。国産の食糧も需給と供給のバランスをととのえ、低価格で国民に供給することができ、国民の健康に絶大の効果を及ぼすでしょう。また、国民の生活費を低減し、国民の生活にも余裕が生じるでしょう。（現代語訳引用者）

4.3　陸海軍向けの冷凍魚

　当時の冷凍魚のおもな消費者は、陸海軍の兵士や紡績工場の女工といった人びとであった。冷凍魚の販売の第一人者である木村鑛二郎（1903〜1995 年）は、つぎのように 1920 年代後半（昭和初期）の食糧事情を説明している［冷凍食品新聞社 1989:13-14］。

　　大きな生鮮食品の消費は、当時昭和 2〜3 年ごろには陸海軍、あるいは紡績工場の女工さん、これらが大きな消費団体ですが、ここらあたりで生鮮食料を買うのに非常に困っておられた。ご承知のように大量に

買えば予め買入価格が決められない、価格は高騰する。必要な時に間に合わない、といったことで大きな消費者は困っていました。また半ばあきらめていました。私は、たまたま京阪神で、そういう商売、つまり小さな問屋みたいなものをやろうと思っていたのですが、しかし小さく魚屋みたいな商売をやっていたのでは面白くないので大きな需要者を狙おうということを思いました。大きな需要者を相手にするにしても同じことで、これを市場で買うとすると値段が予め決められない、魚種も判らない、行き当たりばったりで、その上大量であれば価格は暴騰する。少量の魚は安いが、何万匹という魚は絶対に高くなるので価格はあがるということは、魚だけでなく野菜、果物、天産物に共通したことでした。とてもやっていけないのですね。

供給量が安定していない生鮮食料を大量に購入しようとすると値が張った、ということである。こうした状況を打開したのが保存可能な冷凍魚であった。木村は冷凍魚に目をつけるきっかけとなった共同漁業の専務・国司浩助（1887〜1938年）との会話をふりかえっている［冷凍食品新聞社 1989:14］。

当時、共同漁業という会社が、「冷凍」ということで魚を凍らせることによって、いくらでも同じものがある——という話を人伝えに聞いたので私は下関に共同漁業の専務である、国司さんをお訪ねして「非常に困っている。良い知恵はありませんか」といいましたところ、国司さんは「それは君、よい時にきた。俺は売れなくて困っているんだ」「魚は大量にあるのだが、冷凍であるために売れない。君これをやらんか」とい

われましてね。

　木村は、この国司との出会いをきっかけに、1934年に共同漁業に入社し、冷凍魚の販売に邁進していった。
　陸海軍への売り込みを実際におこなった共同漁業の大河原幸作は、つぎのように海軍への納入方法を記憶している［冷凍食品新聞社 1989:18］。

　　陸軍と海軍もありましたが陸軍より海軍の方がまとまって買ってくれるということで、呉、横須賀、安芸あたりに連合艦隊がきますと、「間宮」という大きな食糧補給艦（冷凍母船）に一括して納入する。艦隊が動き出し演習後、また停泊するところへ150トン位の小型冷蔵船でもって納入するということをしました。各隊納入と言いました。

　軍納された冷凍品は、魚にかぎったことではなかった。ホウレンソウ、そら豆、カボチャ、ダイコン、サツマイモ、などの野菜や、牛肉も冷凍されたようだ［冷凍食品新聞社 1989:24-25］。1938年には海軍の軍需局長が、「海軍においての糧食問題は、陸地を離れている兵員が食べている関係上、体力の方から申しまして、ある場合には戦闘以上に重大なる役目をしているのであります。遠い所にいる関係上、生の品物はごく僅かでありまして、大部分が冷凍品でありますから、冷凍の方に感謝を表さなければならんような場合が多いのであります」と、冷凍品への感謝を述べている［日本冷凍協会 1938:53］。

4.4　苦心する家庭向けの冷凍魚
　先述した共同漁業の専務・国司浩助は他界する5年前の

1933年、「あたかも水道の水のごとく、各家庭に魚を配給したい」という発言をしている［冷凍食品新聞社 1989:27］。これは、1932年に松下電器製作所の創業記念式で松下幸之助が、「水道の水は価有る物であるが、乞食が公園の水道水を飲んでも誰にも咎められない。それは量が多く、価格が余りにも安いからである。産業人の使命も、水道の水の如く、物資を無尽蔵にたらしめ、無代に等しい価格で提供する事にある」と発言したことを意識したものである。

　ただ、国司の思いはなかなか実現されず、一般家庭には、冷凍魚は浸透していかなかった。大河原は「家庭凍魚の方は失敗なのですよ。何故かといいますとね。これは対面販売でしょう。対面販売になると低温が保てなくて温度変化が多く駄目なんです。いまのようなディープフリーザー（引用者注：冷凍ショーケース）なんかは無い時ですから」と冷凍魚の一般家庭への浸透の妨げとなった理由を指摘している［冷凍食品新聞社 1989:20］。

　1935年に日本食料工業（1937年に共同漁業と合併）が「家庭凍魚」という名称で、東京都内の百貨店で冷凍魚の販売をはじめた。その際、一軒一軒の百貨店に冷凍魚の利点を説明すると同時に、大河原が失敗の原因と指摘する対面販売の難点を克服するために、低温の冷蔵ケースを特注して百貨店に設置している。冷蔵ケースの発注先は、カナエ製作所という都内の小さな街工場と、日立製作所の亀戸工場であった。しかし、この冷蔵ケースの使用方法の理解が追いつかなかった。「家庭凍魚」の販売を担当した国枝滋は、つぎのように語っている［冷凍食品新聞社 1989:69-70］。

　　　銀座の松屋ですか電話がかかってきましたね。朝販

> 売員がきてみたらなかのものが全部解けている、どうしてくれるんだ、と言うんですよね。で、共成冷機（日立製作所の製作した冷蔵ケースの販売・サービスを担当していた会社）の人と一緒に行きますとね。何とまあ差し込みの電源を抜いているんです。というのはデパートは夜、巡回員がまわって警備している。そこだけは何か音がしている。で、気をきかして電源を抜いたというのですね。あとは電源をまあ抜かないようにお願いしていった、くだらないお願いまでしましたよ。冷凍食品というのは初めてですから。（括弧内引用者）

冷凍への理解が進んでいなかったことがよく伝わってくるエピソードである。こうしたなか、戦争は激化の一途をたどり、軍隊用の冷凍魚の需要が増えたことで、家庭用は自然に消滅していった［冷凍食品新聞社 1989:70］。

5 購買環境
—小売店での対面販売からスーパーマーケットへ

5.1 小売店での対面販売

　冷凍品の一般家庭への普及の妨げとなったのは、冷凍ショーケースの設置されていない対面販売という購買環境であった。1960年前後の購買環境を、孫の沙織さんによる祖母、玉木裕子さん（1934年生まれ）への聞き書きから素描しよう。[*11]

> 買い物は、市場。いまで言う、ユニーとか、ダイエーみたいなもんね。あぁいうのを市場って言いよった。魚屋さんは魚屋さんで、野菜屋さんは野菜屋さん、肉屋さんは肉屋さん、それに、ハンペン屋や、漬物屋

*11 玉木沙織さんは、『クジラを食べていたころ』に「仕事ほど楽なことはない」として、祖母、玉木裕子さんへの聞き書きを執筆している［赤嶺編 2011:2-32］。本稿に登場する裕子さんの話は、その本から引用したものにくわえ、本稿を執筆するにあたり、あらたにおこなったインタビューに依っている。裕子さんは、1934年に愛知県挙母町（現在の豊田市）に生まれ、1959年ごろから名古屋市千種区で暮らしている。玉木沙織さん、裕子さんの協力に感謝します。

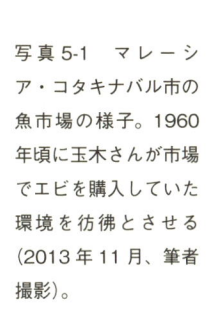

写真 5-1　マレーシア・コタキナバル市の魚市場の様子。1960年頃に玉木さんが市場でエビを購入していた環境を彷彿とさせる（2013年11月、筆者撮影）。

は、それ専門であるわけ。いまでは、全部ひとつとなって、スーパーになっちゃってるけど。

　ほんで、なに屋さんでも、わたしが行くと、「玉木さん、あんたのところのためにとっておいたよ」って言われるから、いらなかったとしても、買わないではおれんがな。「いりません」ってよう言わんもんでねぇ。

玉木さんはこのような市場でエビを購入していたことを鮮明に覚えている［赤嶺編 2011:17］。

　エビを食べたのもね、1960年くらいじゃない？ よう買ったよ。たぶん国産ばっかだったとおもうけど、当時は、あんまりどこ産っていうのはいわないもん。いまは、それが厳しいもんで、みんな明記するけどね。クルマエビとか、タイショウエビっていう言葉はむかしからあったけど、どこ産っちゅうのはきいたことがない。でも、だいたい国産だとおもうよ。べらぼうにおおきなエビじゃないもんね。ちっちゃいもん。（中略）エビはまあ、オーソドックスというのかしらんけ

ど、まあ一般的にあった。

　1961年の輸入自由化以降のエビ消費の拡大は、突如として実現したのではない。国内で獲れる小ぶりのエビを市場で買って、食べるという下地があったことが、この語りからわかる。こうしたエビはどのように販売されていたのか。

　もちろん、冷凍なんかされてない。冷凍なんて、ない、ない。エビは生きてはいなかったと思う。ちょっとした台のうえに、ダダダダダって山盛りに載せてあったね。まわりには、ちょっとの氷は置いてあったけども。フタがパカっと開く、ショーケースとかもなかった。
　それを、「何匁ください」って言ったら、お店の人が手でわしづかみ。だいたい魚屋さんなんて、似たようなものを売ってるじゃんね。だから、手を洗ったりはせず、サバもエビもタコもみんな手づかみ。
　そのエビは、分銅をつかったはかりで量ってね。買ったエビは、スギの木の皮をかんなで削ったような、

写真5-2　氷水に浸して売られているエビ（2013年11月、コタキナバル市にて筆者撮影）。

肩幅くらいの大きさの包に包んで、ほいで、それを新聞紙で包んでくれるの。

　このような購買環境は、スーパーマーケットでエビを購入するいまと、かなりかけ離れている。また、エビがどのような状態で売られていたのか、という点もいまと大きくことなっていた。

　　いまみたいに、つるん、としたエビは見たことない。頭もついてるの。しっぽもついてるの。殻をむいてあるのも見たことない。ヒゲもちゃんとついてて、ヒュッ、ととるの。

　第3章で確認したように、スーパーマーケットで販売されているエビは、殻が剥かれていたり、ボイルされていたり、と陳列されるまでにすでに手がくわえられている。しかし、玉木さんが市場で購入していたころは、まったくそのようなことはなかったようだ。
　このような対面販売をしていた市場の小売店で冷凍品を販売するには、冷凍状態を維持するための冷凍ショーケースを普及させることが不可欠である。1962年に日魯漁業に入社し、冷凍食品の販売を担当した富山喜義（1938年生まれ）は、市場の小売店に冷凍ショーケースの導入を試みたときのことを以下のように回想している［冷凍食品新聞社 1989:196-197］。

　　東京地区の小売店にショーケースを800台ほどバラまいて貸して販売するということになった。そのショーケースというのも幼稚なやつでね。（中略）ショーケースが幼稚で霜で扉があかなくなるんだよ。だ

から木槌で「かんかん」とたたいて霜をとってあける。（中略）金槌では駄目、小売店に行って木槌で叩くのが仕事でしたよ。（中略）ショーケースは凍りついてドアも開かない、店の方も放ったらかす。そんなところに木槌を持って叩いてまわって売ってくれというのがセールスだったね。10分位走って30分叩いて回るともう夜中になるという状態だったね。その内注文が全然こない店が出てくるんだよ。「どうなってるんだ、行ってこい」といわれて行かされる訳。行くでしょう、そしたら店頭にショーケースがないんだよ。あわててね、「貸しているだけであれはうちのショーケースなんですよ、どうしたんですか」と聞くと何も言わないんだよ。しまいに裏の方を指さすんだ。行ってみると庭に穴を掘って埋めてあって金魚がいるんだよ。金魚鉢がわりだね。それとか台所に持っていって自分のところの冷蔵庫の代りに使っているんだよ。そういう時代だった。

5.2　スーパーマーケットの台頭

　このような冷凍品を扱うのにふさわしくない購買環境は、スーパーマーケットが台頭しはじめたことで変わった。1956年3月、福岡県小倉市に約400㎡の総合食品店「丸和フードセンター」が開店したことが、日本のスーパーマーケットの嚆矢をなす。この丸和のノウハウを取り入れ、国民の支持を受けて発展したのが、ダイエーである。丸和がオープンして1年半ほど経った、1957年9月23日、大阪府千林商店街にダイエー1号店がオープンした。このスーパーマーケットの誕生経緯については、高度経済成長期の日本社会の変化に注目するノンフィクション作家の佐野眞一が『カリスマ――中内㓛とダイエーの「戦後」』

［1998］で描いたとおりである。

　スーパーマーケットに初めて冷凍食品売場を設置したのはダイエーであった。ダイエーの冷凍食品売場の初代担当であった川一男（1941年生まれ）によると、1963年5月20日に兵庫県・三宮店にフローズンボックスを置いたのが最初である。そのフローズンボックスは、保管庫的なフタのついたもので、「かんおけ」と言われていた［冷凍食品新聞社 1989:241］。このようなフローズンボックスから、中身の見えるオープンケースに転換した時のことを川はつぎのように回顧する［冷凍食品新聞社 1989:239-245］。

　　日本は当時なんでも6尺（約1.8m）換算で売場をつくっていたんですが、アメリカから入ってくるケースは8尺（約2.4m）換算で、売場の並びから中途半端にとび出すのです。そこで私が（昭和）39（1964）年にアメリカに行って40年に三宮店に導入したのは8尺3台、24尺（約7.2m）両面型、つまり延べ48尺（約14.4m）のオープンケースです。これは日本で一番最初のオープンケースだったと思います。（中略）三宮店に冷凍ショーケースが入ってからは、茨木店、香里店（43年11月開店）といった店には8尺3台入れた三宮店の2〜3割増しのケースを入れて行きました。一般的に見れば効率の悪い商品だが、社長の中内も当時アメリカやヨーロッパをまわり、日本での流通の近代化を、と意気に燃えており、冷凍ケースを積極的に入れることについては何の疑問も無く承認してくれたのです。しかもメインストリートの一番いい場所をもらったのです。（中略）他のスーパーはフタ付きの6尺ボックスなどを1本かせいぜい1本半入れていた程度だったと思います。一般チェーンストアから見る

[図2] スーパーマーケットの温度分布図

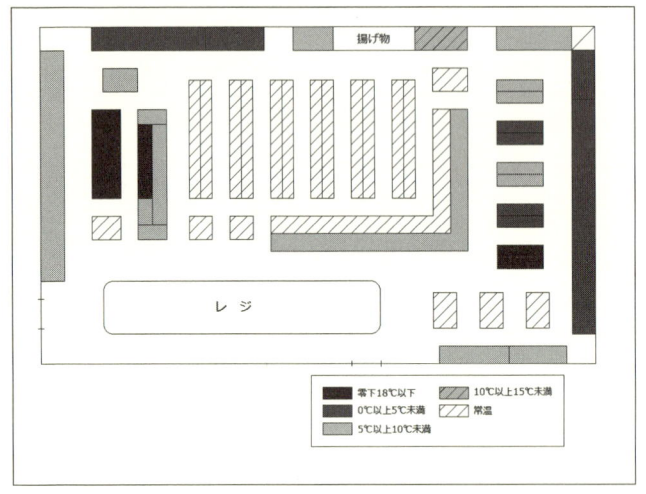

出所：筆者のフィールドノートをもとに柴田沙緒莉作成。

と「あの効率の悪い商品をダイエーはなぜあんなに入れるのだ」と思っていたでしょうね。（括弧内引用者）

スーパーマーケットが乱立し、そして、スーパーマーケットで冷凍食品が売られはじめる黎明期についての貴重な発言である。

図2は、第3章でエビ入りの商品を洗い出したスーパーマーケットを「零下18℃以下」「0℃以上5℃未満」「5℃以上10℃未満」「10℃以上15℃未満」「常温」という5つの温度帯ごとに分類した図である。スーパーマーケットの売場は、常温から零下24℃までの幅があり、それぞれの商品は、適当な温度の売場で販売されていた。常温以外の売場には「温度管理表」というものが貼り付けられており、1日につき3回（11時、15時、19時）、従業員が適温に保たれているかどうかをチェックしている。市場の小売店の対面販売では成しえなかったことであるが、スーパーマー

ケットは徹底した温度管理をしている。

　このように、小売店の対面販売から、スーパーマーケットへと買い物をする場がかわり、冷凍状態のものを購入することは可能となった。だが対面販売でエビを購入し、それを食べることに慣れ親しんでいた玉木さんは、スーパーマーケットにならぶ冷凍エビは嫌いだと言う［赤嶺編2011:18］。

　　　エビは、いまでもいっぱいあるもんね。エビづくめじゃない？　そこらじゅうのやつがね。わたしは、いまはエビ嫌いになっちゃったけどね。買うところによって、なんか生ぐさいにおいがするときあるもんで。なんでもね、わるいものはいやなにおいがするって、わたしはそうおもっとるでね。だで、あんまり好きじゃないようになっちゃった。

　しかし、わたしはスーパーマーケットでエビを購入したときに、エビの生くささを感じたことはない。スーパーマーケットにならんでいるものは、新鮮なうちに急速冷凍されたもので、なんら問題なく食べることのできるエビだと思っていた。しかし、それは、わたしが玉木さんのように新鮮さを見極める嗅覚がないからなのではないか。

　鹿児島県枕崎市に、かつお節の製造・販売業をする今井鰹節店がある。この店をいとなむ今井敏博さん（1954年生まれ）は、遠洋ないし、輸入の冷凍カツオでかつお節をつくることが一般的であるいまの時代に、あえて近海で獲れた生鮮カツオをつかったかつお節の製造に取り組んでいる。生鮮カツオにこだわるようになったきっかけは、ベトナムで味わった料理だという。シュウマイや野菜炒めのような馴染みの料理に感動した理由を自問し、魚も肉も冷凍さ

ていない新鮮な素材ばかりを用いていることが主因ではないかと思ったそうだ［赤嶺 2004］。

　もし仮に今井さんのように、わたしがベトナムを旅行する機会があったとしても、そこで供される生肉由来の美味しさを感じとることはできないものと思う。たしかに、スーパーマーケットに冷凍設備がととのったことで、わたしたちは 24 時間、いつでも冷凍されたエビを買うことができる便利さを手に入れた。ただ、その便利さに慣れきったことで、玉木さんや、今井さんのような敏感な嗅覚・味覚を失ったとは言えないだろうか。

6　台所環境―電気冷蔵庫と冷凍食品のかかわり

　スーパーマーケットが台頭し、冷凍食品が陳列されるだけでは、家庭に冷凍食品が普及するとはかぎらない。冷凍食品が家庭に受容されるためには、それぞれの家庭に冷凍状態を維持する台所環境を必要としたのである。

　このことは、1956 年の『朝日新聞』に掲載された「冷凍食品――台所の革命児」という見出しの冷凍食品の啓蒙記事からわかる。この記事では、冷凍食品の利点として、「魚なら頭や尾など切り取ったうえで凍らすので、料理する時も手間はいらない」こと、「凍った食品は空気を通さない合成樹脂の袋に入れて真空にし、零下 20℃の倉庫で貯蔵されるから品質は長く変らないし、味も栄養もそのまま」であることなどが挙げられている。しかし、「いまの時期（引用者註：4 月）なら、とけるまで 4、5 時間は外気にふれても大丈夫だが、もたもたしてたら生鮮食品と同じになるというからご用心。そこで家庭での長い貯蔵は電気冷蔵庫が必要とあっては、まだ一般庶民には縁の遠い話だ」と記事の最後に駄目だしをしている［朝日新聞 1956］。

内閣府がおこなう消費動向調査「主要耐久消費財等の普及率（全世帯）」で、電気冷蔵庫が調査対象となったのは記事の翌年の1957年であり、その年の普及率は、わずか2.8%であった。

電気冷蔵庫は、1960年代前半に、国民の生活水準の向上の象徴とされた「三種の神器」のひとつとして各家庭に普及していった。まず、製氷室つきの電気冷蔵庫が登場し、つぎに、冷凍室つきの電気冷蔵庫が開発される。しかし、これらの電気冷蔵庫のドアは、いずれもまだひとつであった。その後、1969年にようやく2ドア式の電気冷蔵庫が世に出回った。

電気冷蔵庫の改良の変遷と、冷凍食品の普及は非常に密接なかかわりがある。このことは「ヒット商品きのう・きょう・あす——食生活に"冷凍マジック"」と題される『読売新聞』の記事から明白である［読売新聞 1995］。

　　1970年2月、松下電器産業は、冷凍冷蔵庫が日本で普及するかどうか調べるため、兵庫県姫路市の富士製鉄（現新日鉄）の社宅100戸に、売れ残っていた単体の冷凍庫を半年間にわたって無償で貸し出した。
　　（中略）実験は、冷凍食品を無料で宅配し調理の仕方まで指導するグループと、何も指導しないグループに分け、主婦の反応を見た。半年後、指導を受けたグループでは大半の家庭が「譲って欲しい」と希望したのに対し、指導を受けなかった家庭からは「電気代もかかるし、使いこなせない」という反応が返ってきた。「使い方から教えないことには、とても売れないな」。冷凍庫事業部企画課主任だった柏村隆夫・現リビング営業本部所長は実験結果から悟ったという。
　　松下が、国内初の2ドア冷凍冷蔵庫の生産を始めた

のは69年秋のことだった。60年ごろに普通の冷蔵庫が普及してから約10年、ちょうど買い替え時期にあたっており、松下電器をはじめ各社は冷凍機能を加えた「新製品」の需要創出に躍起になっていた。

姫路での実験結果をもとに松下は70年秋から、(中略)「冷凍冷蔵庫のある食卓の便利さ」をテーマにした寸劇を全国各地で行い、冷凍冷蔵庫の便利さを宣伝していった。

「ハードメーカーが需要創出のために、食生活というソフトな部分にも足を踏み入れた最初の出来事」と、柏村所長は振り返る。

以下では、名古屋市に在住の木村次子さん(1939年、宮城県生まれ)への聞き書き[*12]と、1948年の創刊以来、衣食住を中心とした幅広いテーマを扱ってきた総合生活雑誌『暮しの手帖』を参考にしながら[*13]、電気冷蔵庫はどのようにつかわれ、そして、冷凍という新しい手法がどのように人びとの生活に浸透していったのか、ということを検証しよう。

6.1　氷冷蔵庫の時代

木村さんに冷蔵庫の話をふると、電気冷蔵庫ではなく、氷冷蔵庫の会話からはじまった。

> わたしが結婚する前まで住んでいた実家には、氷冷蔵庫があって、毎日、氷屋さんが氷を届けてくれましたね。縦15センチ、横35センチ、高さ15センチくらいの氷をドカンと冷蔵庫の上の部分においておきました。冷蔵庫って言っても、木でできたものだよ。溶けた水は、自分で捨てていましたし、氷が溶けるから

*12　木村次子さんは、1939年に宮城県仙台市で生まれ、1959年に結婚したのち、東北地方、北海道を転々とし、1977年から愛知県名古屋市で暮らしている。筆者は、すでに木村さんへの聞き書き「工夫して生きているんです」を発表している[赤嶺編2013:48-67]。本稿では、同書から引用したものにくわえ、あらためてインタビューをおこなったものも利用している。

*13　冷蔵庫についての記事を『暮しの手帖』から渉猟するにあたっては、生活学を専門とする村瀬敬子が、ここ100年間の冷蔵庫の発達と人びとの生活様式の変化の関係性を論じた労作『冷たいおいしさの誕生——日本冷蔵庫100年』[2005]に依拠した。

あんまり扉はあけるなって親に注意されました。

　木村さんが結婚する3年前の1956年、『暮しの手帖』(35号)にも氷冷蔵庫が登場している。「氷の冷蔵庫のある家では、夏中、毎朝、氷屋さんが来るのが早いとか遅いとか、目方が多いとか少ないとか、値段が下ったの上ったのと、気をもんでいます。1日のうち何度となく、とけた水を捨てなければなりません。つい寝る前に、水を捨て忘れたばかりに、明くる朝、床を水びたしにした経験のある人も、きっと少なくないでしょう」と、氷冷蔵庫の使い勝手の悪さに言及した記事である［暮しの手帖1956］。

　氷冷蔵庫は、冷蔵庫とは言うものの、電気冷蔵庫とは機能がまったくことなっていた。氷冷蔵庫から電気冷蔵庫への過渡期であった1958年の『暮しの手帖』(45号)では電気冷蔵庫が特集されており、「氷の冷蔵庫は『ものを冷やす道具』で、電気冷蔵庫は『ものをくさらせないでしまっておく道具』です」とし、両者の機能を明確に区別している。氷冷蔵庫は、一番よい状態でも12℃くらいだった。だから、ものをくさらせないという点では無理があり、ビールやジュースを冷やして、おいしく飲むといったことができる程度だったのである［暮しの手帖1958］。

6.2　電気冷蔵庫は魔法の箱

　「ものをくさらせないでしまっておく道具」という表現からも推量できるように、販売当初の電気冷蔵庫は、「食品衛生の強化」が主目的だった。日立製作所が1951年に発売した電気冷蔵庫の広告（図3）には、「食品衛生の強化！」という文字と冷蔵庫のイラストが描かれているのみで、人物や風景などの生活をあらわすものは登場していない［村瀬2005:190］。

[図3] 1951年に日立製作所が発売した電気冷蔵庫の広告

出所：山川［1987:214］。

当時の人びとは、冷蔵庫にしまっておけば食べ物はくさらないと、冷蔵庫の性能を過信していたようだ。

　冷蔵庫が来たときは魔法の箱が来たって思ったわ。それでさ、笑ってまうかもしれんのやけど、おばあちゃんは冷蔵庫に入れとけば、絶対に腐らへんくて大丈夫やって思ってまうんやて。昔はすぐに暑さでダメになったもんも冷蔵庫があれば長持ちするやろ？　腐るもんは腐るんやけど、なんか大丈夫やろって思えてまうんやおね（1937年生まれ、女性）［赤嶺編 2013:180］。

　電気冷蔵庫を使用したてのときの記憶はこのように語られている。「冷蔵庫に入れれば食べ物はくさらない」という迷信に注意をあたえるため、1961年の『暮しの手帖』（59号）では、「電気冷蔵庫に入れておくとくさらないのでしょうか」という問いに応えるかたちで記事が組まれている。20種類の食べ物を、ひとつは外に置き、もうひとつは電気冷蔵庫にしまって比較実験している。その結果、「たしかに電気冷蔵庫に入れるとくさりかたは遅くなるが、電気冷蔵庫のなかでも食べ物はくさる。電気冷蔵庫に食べ物を入れてから長持ちするかどうかは、電気冷蔵庫に入れる前にどれだけのバイキンがついているのかに左右され

る」と結論づけている［暮しの手帖 1961］。

6.3　電気冷蔵庫がある贅沢

　木村さんは、1968 年に電気冷蔵庫を購入した。それは、冷凍庫はないが、氷を作ることができるスペース（製氷室）が備わっている電気冷蔵庫だったそうだ。

　　冷蔵庫がほしいな、と思うことはあんまりなかったんです。山形県に住んでいましたが、雪が降るときには、雪の下に野菜をしまってね。甘くておいしくなりました。スイカも井戸の水で冷やしました。井戸の水ってのは、夏は冷たくて、冬は温かくて、わたしは大好きでした。いまでもほしいくらい。ビールも床の下に閉まったらおいしく冷えましたしね。でも、電気冷蔵庫のなにが良いって、氷がつくれることでした。お父さん（旦那さん）がウイスキーを飲むのが、好きでね。ビールだけなら、氷冷蔵庫や、それこそ井戸の水でも十分冷やせたんだけど、ウイスキーを飲むには、氷が必要だからね。どれだけ濁り気のない、透明な氷をつくれるかを、工夫したものです。

　1961 年に、「トリスを飲んでハワイへ行こう」というキャッチフレーズのテレビ CM が大ヒットし、トリスウイスキーの販売量は 130 万ケースを突破している［小菅 1997:209］。コカ・コーラの日本への輸入が自由化されたのも 1961 年で、1962 年にはコカ・コーラ専用の自動販売機が登場し、1964 年には「ホームサイズ」と言われる 500cc の大瓶でコカ・コーラが売られるようになった[14]［江原・東四柳編 2011:321-325］。このように、1960 年代に家庭で冷たくして飲むことを前提とした飲料品が市場に出回

[14] コカ・コーラは、売り出し当初、190cc の瓶であった。そのため、いまでは大瓶とは言えない 500cc という量は、コップに注いで家族みなで分け飲むものと認識された。

りはじめたことが、氷のつくれる電気冷蔵庫の需要を喚起した。1925年生まれの男性は、1963年にボーナスをはたいて電気冷蔵庫を購入した理由を、「『冷たいお茶がほしい』と思って」と回顧している［赤嶺編 2011:148］。

写真 6-1 公益財団法人味の素食の文化センターに展示されている冷凍室つき電気冷蔵庫（2013 年 10 月、筆者撮影）。

1965 年に、ふたたび『暮しの手帖』（80 号）に冷蔵庫の特集が組まれる［暮しの手帖 1965］。あえて、この年に冷蔵庫にスポットが当てられたのは、冷凍室を完備した電気冷蔵庫が発売されたからだ。これは、まだドアはひとつであるが、製氷室が備わっているものからさらに進化し、上部に冷凍室が備えつけられた。この記事では、写真つきで冷凍室部分を載せているが、冷凍室に収納されているものは、アイスクリームである。社団法人日本アイスクリーム協会（現、一般社団法人）が発足したのは、1966 年だった。わたしの母（1956 年生まれ）は、「小さい時のおいしいおやつは、アイスクリームだった」と懐かしそうに話してくれたが、まさに、1950 年代半ば以降に生まれた人びとは家庭に電気冷蔵庫があることで新しいおいしさを実感しはじめた世代である。

6.4 電気冷蔵庫の難点

製氷室つきの電気冷蔵庫から、冷凍室つきの電気冷蔵庫へと進化したものの、ともに、霜取りをしなければいけない、という難点があった。

まあ今と違って、冷蔵庫に霜ができちゃってたけどな。（中略）霜をとらんと冷蔵庫が冷えないの、だからのみで削るか、電源を切っちゃうの、ほかって置いておくと、霜が溶けてくるからな。それからきれいにして、電源を入れるの、それの繰り返しだったな（1937年生まれ、女性）［赤嶺編 2013:196］。

　当時の電気冷蔵庫との付きあい方は、このように追懐されている。電気冷蔵庫の普及率が40％ちかくになった1964年の『暮しの手帖』（76号）でも、「使う身になると、氷の冷蔵庫はやっかいなものでしたが、これまでの電気冷蔵庫も、なかなかやっかいなものでした。氷の冷蔵庫は、毎日氷を入れる、その氷がとけて下にたまった水を毎日捨てる、たいへんわずらわしいものですが、電気冷蔵庫には、庫内についた霜をとるというめんどうな仕事があるのです」と、電気冷蔵庫の霜取りをしなければならない欠点が指摘されている。霜取りのために冷蔵庫中に収納していたものを外に出すと、それをくさらせてしまう心配がある。だから、「今度の土曜日に霜をとるときめれば、木曜か金曜あたりからなるべく残りものを作らないようにする」などといった工夫がなされていたようだ［暮しの手帖 1964］。

6.5　2ドア式の冷凍冷蔵庫の普及

　ついに、1970年の『暮しの手帖第2世紀』（6号）に2ドア式の電気冷蔵庫が登場する。このタイプの電気冷蔵庫の需要が高まってきた理由は、こう説明されている［暮しの手帖 1970］。

　　電気冷蔵庫には、もともと、＜冷やす＞のと、＜凍らせる＞のと、2つの働きがあって、これまでの冷蔵

庫でいうと、上段の、氷をつくるところが、その＜凍らせる＞役目を引きうけていた。

　冷蔵庫のおもな役目が、いつでも冷えたビールやジュースを飲めるようにしておくことだったり、西瓜を冷やしたり、氷を作ったりすることだったり、それですんでいた時代では、これまでの冷蔵庫で、もちろんよかった。

　しかし、だんだん世の中が変わってきて、食べものを保存しておこう、というふうになってくると、＜冷やす＞働きでは、せいぜい数日しかもたない、どうしても＜凍らせて＞保存しなければならない、それには、＜凍らせる部分＞を＜強化＞して、もっとひろくする、もっと冷えるようにする、下を開くと、上もいっしょに開くようでは困るのである。

　そこで、凍らせる部分と冷やす部分を、べつべつにして、したがってべつべつにドアをつけた、つまり2ドア式の冷蔵庫が出てきたというわけである。

　社団法人日本冷凍食品協会（現、一般社団法人）が設立したのは、2ドア式の電気冷蔵庫が発売されはじめた1969年のことである。日本冷凍食品協会の設立時の会員には、冷凍食品メーカーだけでなく、電機メーカー11社も参加した。電機メーカーとしての、「冷凍室を十分に確保した2ドア式の冷凍冷蔵庫を普及させたい」という思惑と、「冷凍食品を売るためには、十分なスペースの冷凍室のある冷蔵庫が家庭に必要」という冷凍食品メーカーの思惑が一致したからである。この協会の副会長には三菱電機の大久保夙郎（しゅくろう）が就任しており、大久保は、「冷凍食品が広く普及すれば当然われわれの仕事、冷凍機器の需要は食品の製造、貯蔵、運搬、小売の各段階で必要となります。

＊15　内閣府の消費動向調査「主要耐久消費財等の普及率（全世帯）」によると、1983年の電気冷蔵庫の普及率は99.0％に達しており、同年をもって、電機メーカー各社は日本冷凍食品協会から脱退した。これは、電機メーカー各社が電気冷蔵庫の普及という初期の目的を達成したためだと思われる。

今やわれわれだけで商売するものでもなく、食品メーカーひとりで商売するものでもない。お互いに協力しなければ将来に期待ももてません」と語っている［宮内 1989:102］。日本冷凍食品協会は、冷凍食品普及のための映画を製作したり、テレビ料理番組の提供をしたり[*16]、冷凍食品調理講習会を開催したりと、広報事業にも力を入れた[*17]［日本冷凍食品協会 2012］。

こうした電機メーカーと冷凍食品メーカーの協働による戦略に誘発され、2ドア式の電気冷蔵庫と冷凍食品は、ともに需要を伸ばしていったのだろうか。もちろん、各家庭の台所事情は千差万別であり一概に言えない。ただ、木村さんの場合、2ドア式の電気冷蔵庫の購入が、既製の冷凍食品の消費に直結したというわけではないそうだ。既製の冷凍食品を買うようになったことよりも、家庭でつくった料理の余りものを冷凍できるようになった利便性を覚えていた。

> 2ドア式の電気冷蔵庫があるからといって、それで冷凍食品を買うようになった、っていう記憶はあまりありません。冷凍庫のおかげでなにが変わったかって言うたら、自分の家でつくった料理の余りものを冷凍して、とっておけるようになったってことだね。お父さん（旦那さん）が、会社のあとに急に、「帰ってこない」とか、「夕食いらない」って連絡してきてもこまらないようになったね。冷凍して、とっておけるようになったからね。

このような行為をしていたのは、木村さんだけではない。1972年の『暮しの手帖第2世紀』（18号）で「2ドア式の冷蔵庫で冷凍食品を作れるか」という問いが投げかけられ

---

*16 『冷凍食品を追って』[1971]、『冷凍食品――その正しい取扱い』[1973]、『くらしと冷凍食品』[1976]、『拓けゆく冷凍食品』[1979]、『あなたがつくる冷凍食品』[1983]、『あなたと冷凍食品』[1986]、『新鮮・多彩・冷凍食品』[1990]と、数年おきに立て続けに製作している。

*17 1969年10月からテレビ朝日の関東地区向け番組「奥様そこがコツです」の提供をはじめ、「冷凍食品のポイント」、「お料理と冷凍食品」などを1977年まで提供した。

ている。そこで編集部は、60種の食べ物を冷凍させて、味をテストしている。専門の冷凍工場で急速冷凍することと、家庭の冷凍庫で冷凍することは冷凍温度が全くちがうということを説明し、「2ドア式冷蔵庫のフリーザーの部分は、本来は、既製品の冷凍食品を保存するところで、家庭で冷凍食品を作る場所ではないのである」との論結にいたる［暮しの手帖1972］。業務用ならいざしらず、家庭で冷凍するという行為がいかに人びとにとって新しいことであったかを伝える貴重な史料である。

6.6 サランラップと電子レンジ

家庭で冷凍するようになったことは、なにも電機メーカーによる電気冷蔵庫の技術革新だけが契機ではなさそうだ。サランラップと電子レンジの開発というもうひとつの環境整備も必要であった。木村さんは言う。

> なにかを冷凍させるときには、いつもサランラップをつかっていましたね。そうしないと、パサパサになってしまうんだよね。けどね、いまみたいに、サランラップも安くありません。だから、サランラップを再利用したものです。サランラップは一度つかっても、洗って、台所に洗濯バサミで干していました。ずらーって台所にならべてね。

この点についてわたしの母も、「うちのお母さんもサランラップは何回もつかっていたね。でも、いまみたいに切りやすくなっていない、つかいにくいものだったよ」と記憶している。

今日の日本の各家庭でのサランラップ使用量は、年間6本強にもなっている。そのサランラップを、旭化成株式会

社とアメリカのダウンケミカル社の折半出資会社である旭ダウ株式会社が発売しはじめたのは 1960 年のことであった［中尾 2000］。旭化成のホームページによると、7 メートル巻きのサランラップを 100 円で売り出している［旭化成 n.d.］。ラーメンが 1 杯 45 円、カレーライスは 1 皿 110 円だった時代だ［週刊朝日編 1987］。

　サランラップに包んで冷凍したものを解凍するのが、電子レンジであった。内閣府の「主要耐久消費財等の普及率（全世帯）」調査で電子レンジが調査項目にくわえられるのは、1970 年である。この年の普及率は、わずか 2.1% であるが、5 年後の 1975 年には 15.8%、10 年後の 1980 年には 33.6% と右肩上がりに普及していっている。電子レンジが『暮しの手帖』に登場したのは、1974 年であり、「電子レンジというのは、＜電波＞を使って、ものを煮炊きする道具である。（中略）電波で、どうして煮炊きできるのかというと、食べ物に、ある特殊な電波をあてると、食べ物のなかの分子が、はげしく摩擦しあって熱を出す、その熱で食べ物の温度が上って、煮炊きできるというわけである」という商品の初歩的な説明がなされている［暮しの手帖 1974b］。ただ、電子レンジは使用方法がむずかしかった。冷蔵庫や洗濯機とことなり、電子レンジの使用に四苦八苦したことが回想されている。

　　　初めて電子レンジを使ったときは、まぁたまげたわ。器に卵を割ってさ、卵焼きみたいにしようと思っておじいちゃんと 2 人で電子レンジに近づいて見とったんやて。そしたらポーンっていって卵がはぜてさ、あれは本当にたまげた。黄身のところに空気穴開けるの忘れとったんやけど、そのころはよくわからんまま使っとってね。これはえらいもん買ってまったかしゃんっ

て、おじいちゃんに慌ててきいたわ（1937 年生まれ、女性）［赤嶺編 2013:180］。

6.7 冷蔵庫を欠かせない生活スタイル

　ここまで述べた一連の動きは、ほんの 20 年間くらいに生じたことである。この短期間の台所環境の変化によって、「冷凍」という新しい手法が瞬く間にわたしたちの生活に浸透したと言える。

　わたしの家は、引っ越しにともない 2002 年に冷蔵庫を買い替え、今年で 12 年目である。母は、古くなってきた冷蔵庫が故障してしまうことを心配し、こう言う。「テレビや、洗濯機は壊れてしまってから買っても問題ないけど、冷蔵庫だけは故障するまえに買いたい。テレビは見るのを我慢すればいいし、洗濯は手洗いでもなんとかなる。でも、冷蔵庫はね……」。その母は、2014 年 4 月から消費税が 8％に上がることを意識し、そのまえに購入するかどうか迷っている。

　白黒テレビ、電気冷蔵庫、電気洗濯機は「三種の神器」と呼ばれ、高度経済成長期に各家庭の生活必需品となった。わたしの生活スタイルでは、そのなかでもとくに、冷蔵庫のない生活は想像しがたい。冷蔵庫を開けない日はないし、当然であるが、年中無休で稼働させている。知らず知らずのうちに、冷蔵庫を欠かすことはできない生活スタイルになっている。

　木村さんに、一連の冷蔵庫の話を聞き書きしているときに思ったことがある。木村さんも当然ながら、冷蔵庫をつかって毎日の生活をおくっている。しかし、木村さんの冷蔵庫のつかい方と、わたしの冷蔵庫のつかい方にはちがいがあるのではないか、ということである。冷蔵庫のない時代を経験している木村さんは、「冷蔵庫があるから、つか

っている」だけである。他方、わたしは、「冷蔵庫がない生活をおくることができないから、つかっている」のではないだろうか。

　冷蔵庫の話ではないが、電子レンジの話をしているときに、木村さんはつぎのように言った。

> 電子レンジは、よくわからなかったから買わなかったですね。電子レンジではなくても、冷凍させたものは蒸し器をつかって解凍させれば十分でしたからね。

　木村さんは、みずから選択をしたうえで、利便性を追求してきた。しかし、冷蔵庫も電子レンジもあることが当たり前の時代に生まれたわたしは、そういったものを欠かさない生活スタイルしか選択することができない。こういった生活スタイルが定着した要因のひとつには、本章で詳述したように、電機メーカーと冷凍食品メーカーが協力し、また、サランラップなどの包装技術も進化して、「冷凍冷蔵庫のある食卓の便利さ」がプロデュースされたことが指摘できよう。

7　調理冷凍食品につかわれるエビ

7.1　いつ、調理冷凍食品にエビがつかわれはじめたのか

　日本がエビ輸入をはじめた 1960 年代、すでにアメリカは日本に先駆けたエビ輸入国だった。そのため、日本の商社各社は、それぞれの国の対米エビ輸出の実態を調査し、同時に日本向けに現地の加工・輸出業者をさがした［宮内 1989:57-58］。また、同じころ、水産会社各社も世界のエビ資源をさがし求めた。エビの買い取り、エビトロール漁の試験操業、漁場の本格的調査・研究、さらには合弁エビ

事業への着手と供給国を近隣諸国から遠隔地へ広げていった［都筑・藤本編 1982:41］。政府もエビの輸入促進をバックアップし、1966年9月に、水産会社6社および商社35社によって日本水産物輸入協会が設立している。この協会の事務局長の萩原徳行によると、この協会のなかに「えび委員会」があり、1967年から1976年にわたって、7回にもおよぶ「えび買付け促進調査団」がインド、パキスタン、フィリピン、タイ、マレーシア、インドネシア、ブラジル、メキシコなどへ派遣されている［都筑・藤本編 1982:69-70］。

　商社や水産会社がエビを買い付け、日本に運んでくるからには、日本でエビを売らなければどうしようもない。その買い付けてきたエビを売るための手段のひとつが、わたしたちの食生活のなかでの立ち位置を確立しつつあった冷凍食品への使用であった。エビの冷凍食品と言えば、エビフライが典型である。しかし、第3章で紹介したように、しゅうまい、グラタン、ドリア、中華丼、お好み焼き、ちゃんぽん、スパゲッティー、など多種多様の調理済みの冷

［表2］ニチレイの商品開発の歴史（1968-1982）。太字がエビを使用した商品

年	商品名
1968年	**えびフライ**、メンチカツ、コーンコロッケ、チャーシューメン
1969年	シューマイ、ポークシューマイ、ミニハンバーグ
1970年	ギョーザ、春巻、ピザパイ、ドリア、コーンポタージュなど
1973年	ポテトコロッケ、玉子焼など
1974年	**えびシューマイ**、特選シューマイ
1975年	牛肉入り焼売
1976年	**えびグラタン**、チキングラタン、ハンバーグ、うなぎ蒲焼、ケーキ類（パイシート、ミートパイ、アップルパイ、クリームパイ）など
1977年	クラムチャウダー、蒸餃子など
1978年	**えびドーナツフライ**、カニ入りグラタン、ミートボールなど
1979年	ふかひれスープ、チーズケーキ、クレープグラタンなど
1980年	**えびチリソース煮**、アメリカンドッグ、いかミックスフライなど
1981年	**えびクリームコロッケ**、マカロニグラタン（**えび**入り）、チキンメンチなど
1982年	焼売三鮮（かに、**えび**、肉シューマイ各4個入り）、焼売二宝（**えび**、肉シューマイ）、かき揚げ（天つゆ付き）、中華いかだんごなど

出所：『ニチレイ50年史――資料編』（101-111頁）をもとに筆者作成。

凍食品にエビはつかわれている。

　このようなエビがつかわれる調理冷凍食品はいつごろから発売されたのだろうか。冷凍食品業界のパイオニアである株式会社ニチレイの調理冷凍食品の開発史を、『ニチレイ50年史──資料編』［1996］から知ることができた。1968〜1982年の間の新開発商品を表2にまとめた。

　1968年に「えびフライ」が発売されたのを皮切りに、その後、続々とエビ商品が市場に登場する。たとえば、1974年に「えびシューマイ」、1976年に「えびグラタン」、1978年に「えびドーナツフライ」、1980年に「えびチリソース煮」、1981年に「えびクリームコロッケ」「マカロニグラタン（えび入り）」、1982年に「焼売三鮮（かに、えび、肉シューマイ各4個入り）」「焼売二宝（えび、肉シューマイ）」「かき揚げ」といった具合である。

　また、1980年代に日本水産株式会社（ニッスイ）が発売した冷凍食品の主要商品も『日本水産百年史──史料』［2011］に写真つきで紹介されている。全部で29商品が載っており、そのうち、「えび春巻」「えびぎょうざ」「えびフライ」「えびチリソース煮」「むきえび」「シーフードミックス」の6つがエビをつかった商品である［日本水産株式会社 2011:126-129］。ニッスイは、オーストラリア北部の沿岸の豊富なエビ資源を確認し、1968年に、伊藤忠商事、オーストリア側の提携者などとともに、合弁会社を設立し、ダーウィンを拠点にエビ漁を推進した。さらに、1970年代には、インドネシアの西イリアン海域でのエビ漁場開発のために、立て続けに2つの合弁会社を設立している［宇田川・上原編 2011:300-302］。ここで漁獲されたエビが、調理冷凍食品に使用されたものと思われる。

　くわえて、もともと冷凍食品を手がけていなかった味の素株式会社が、1972年に冷凍食品事業に進出したことも

興味深い［宮内 1989:161］。味の素が1972年に売り出した調理冷凍食品は、『味の素グループの百年——新価値創造と開拓者精神』［2009］に写真つきであるように、「ポテトコロッケ」、「ミックスコロッケ」、「クリームコロッケ」、「フレンチフライポテト」、「シューマイ」、「エビシューマイ」、「チキングラタン」、「エビグラタン」、「ハンバーグ」、「お子さまハンバーグ」、「ギョーザ」、「エビのコキール」の12品であった。このうち、その名のごとく、「エビシューマイ」、「エビグラタン」、「エビのコキール」の3品にエビが入っている。さらに興味をそそられるのが、「冷凍食品の生産は、当初、伊藤忠商事との共同出資（味の素6割、伊藤忠商事4割）で1970年に設立した味の素レストラン食品社が担当した」ことだ［味の素株式会社 2009:392］。もちろん大手総合商社の伊藤忠商事は日本水産物輸入協会の会員であり、「えび買付け促進調査団」にも名を連ねている。味の素に、「御社のエビをつかった冷凍食品の商品開発の歴史を教えてください」と依頼したが、「一企業がお答えするには制約がございますのが実情です」ということで断られ、残念ながら確認することはできなかったが、伊藤忠商事がエビの買い付けを担当し、味の素がそのエビをつかうという両者の関係は想像にかたくない。

7.2 さまざまな商品につかわれるエビ

もちろん、1961年を期としたエビ輸入増加の受け皿になったものは、調理冷凍食品だけではない。

冒頭で触れたエビ研のメンバーである櫨山(はぜやま)啓子は、カップラーメンの具材にエビがチョイスされたことと、輸入量が飛躍的に伸びた1970年代のエビ業界の事情との関係に着目し、商社とカップラーメンメーカーの協力関係をあきらかにしている［櫨山 1992:303-326］。

また、スーパーマーケットに廉価なものから高級品まで山ほどならんでいる各種のエビ煎餅も、エビ輸入増加によって、量産化されたものと思われる。エビの輸入量とエビ煎餅の製造量の相関関係を確かめるため、エビ煎餅の生産で有名な愛知県渥美半島、もしくは知多半島に会社を構えるエビ煎餅製造会社3社に、「原料調達の変遷とエビ煎餅製造の機械化」に関する調査への協力を依頼したものの、いずれからも断られてしまった。この3社のうち1社は、2009年に原料エビは外国産であったにもかかわらず、「身がよく締まり、独特の甘みをもった『あかしゃ海老』は、三河湾で朝一番に漁獲され、数時間後には海老せんべいに姿を変えています」といった「三河湾産」を思わせる表示をしたことで、公正取引委員会から警告を受けている［公正取引問題研究会 2009:8-9］。情報管理に慎重になるあまり、原料調達については公開したくないものと察せられる。

エビ煎餅の量産化の一因には、製造のオートメーション化もある。あるエビ煎餅会社のホームページには、「1972年に完全オートメーション化された」という記述があった。輸入自由化でエビの大量調達が可能になった

写真 7-1　カルビー株式会社が発売している「かっぱえびせん」（2014年1月、筆者撮影）。

写真 7-2　マレーシアで売られている各種のえびせん（2014年1月、赤嶺淳撮影）。

写真 7-3　クルプック。タピオカ澱粉にエビや魚のすり身を混ぜ合わせ、平たくのばし、油で揚げたもの。インドネシアでお菓子として食べられたり、ナシ・ゴレン（炒飯）に添えられたりする（2014年2月、インドネシア料理店で購入したものを筆者撮影）。

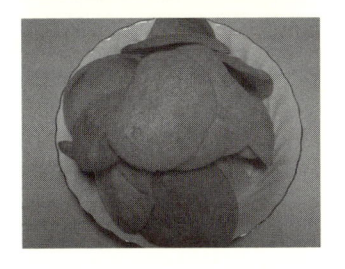

ことと、製造のオートメーション化によって、大量生産が可能となり、地場産業から今日の状況に発展していったものと推測できる。

　エビ煎餅と同様にエビをつかったお菓子で、カルビー株式会社が製造する「かっぱえびせん」は1964年に発売が開始されている［小菅 1997:215］。

写真7-4　コタキナバル市で売られている干された小エビ。干エビは、重要なエビ製品のひとつである（2014年1月、赤嶺淳撮影）。

「かっぱえびせん」の生みの親であり、カルビー株式会社の創始者である松尾孝は、瀬戸内海でふんだんに獲れる小エビが有効活用されていないことに目をつけて「かっぱえびせん」を着想した。したがって、輸入自由化でエビが大量に輸入されはじめたことが、そのまま商品開発のきっかけということではない。

　ひとつの食材にテーマを絞り、その食材を徹底的にあつかう食の専門誌『マザーフードマガジン「旬」がまるごと』の2010年9月号ではエビを特集しており、「かっぱえびせん」の原料調達担当者のインタビューが掲載されている。そこで、「かっぱえびせんに使用している瀬戸内海産のえびは、キシエビ、アカエビ、サルエビです。かっぱえびせんの美味しさはえびのうま味ですが、やはり国内で獲れたえびのアミノ酸のほうが、日本人の舌に合うんですよ。そして、鮮度も大切なので、漁師から買い付け、すぐに零下30℃まで急速冷凍。海外産のえびを調達するときも、日本と同じくらいの緯度で漁獲されたえびを選びます。どのえびも刺身で食べられる品質ですよ」と答えている

[ポプラ社 2010:52]。どの程度の割合で瀬戸内海産と海外産のエビをつかいわけているかはあきらかにされていないものの、わたしたちに馴染み深いロングヒット商品である「かっぱえびせん」も海外から冷凍エビが輸入されはじめたことと無関係ではない。わたしたちは、その恩恵を受けているのだ。

7.3 調理冷凍食品の包装表示

　調理冷凍食品につかわれているエビはどこで獲れた、どの種類のエビなのだろうか。

　この問題を突き詰めていくためには、まず、調理冷凍食品の包装表示の方法を理解する必要がある。調理冷凍食品の包装には、さまざまな情報が記載されており、消費者であるわたしたちは、その記載からさまざまな商品情報を入手することができる。しかし、その表示方法は複雑であるため、一瞥して理解することは困難である。わたしが包装表示について質問した東海農政局（農林水産省管轄）の食品表示の担当者も「包装の表示方法はさまざまな表示基準にもとづいて複雑にできあがっていますし、頻繁に改正があります。なかなか消費者の方が理解するのは困難です」

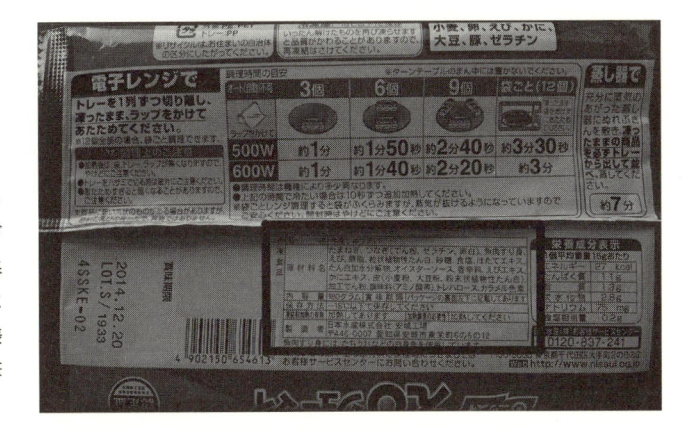

写真 7-5　エビしゅうまいの包装。黒枠内がJAS 法の品質表示基準制度と食品衛生法にもとづいて書かれた表示（2014 年 2 月、筆者撮影）。

[図4] 写真7-5の黒枠部分を図に移し替えたもの

名　　　称	冷凍しゅうまい		
原　材　料　名	たまねぎ、つなぎ（でん粉、ゼラチン、卵白）、魚肉すり身、えび、豚脂、粒状植物性たん白、砂糖、食塩、ほたてエキス、たん白加水分解物、オイスターソース、*香辛料*、えびエキス、かにエキス、皮（小麦粉、大豆粉、粉末植物性たん白）、**加工でん粉**、**調味料（アミノ酸等）**、**トレハロース**、**カラメル色素**		
内　容　量	180グラム	*賞味期限*	*パッケージの裏面左下に記載してあります*
保　存　方　法	-18℃以下で保存してください		
凍結前加熱の有無	加熱してあります	加熱調理の必要性	加熱してください
製　造　者	日本水産株式会社　安城工場　〒446-0007 愛知県安城市東栄6の6の12		

と、認めるほどであった。

　調理冷凍食品の包装表示は、JAS法の品質表示基準制度、食品衛生法、健康増進法、景品表示法、不正競争防止法、計量法、の6つの法律をもとに書かれている。

　ここでは、ニッスイが発売している商品「えびシューマイ」の包装表示（写真7-5）を参考とする。写真7-5の黒枠で囲まれている部分が、JAS法の品質表示基準制度と食品衛生法にのっとって書かれており、商品の質にもっとも関係する部分である。写真7-5の黒枠部分をそのまま図4に移し替えた。下線が引いてある文字はJAS法の品質表示基準制度にもとづく表示で、太字は食品衛生法にもとづく表示で、斜体字はどちらもが必要としている表示である。

　まず、「名称」「保存方法」「製造者」「賞味期限」を書くことは、JAS法の品質表示基準制度、食品衛生法ともに要求している（斜体字）。

　「名称」とは、表示しようとしている加工食品の内容を表す一般的な名称である。ここでは「冷凍しゅうまい」となっている。

　「保存方法」は、JAS法の品質表示基準制度では、「製品

冷凍エビを食べる　65

*18　日本農林規格（JAS規格）でも、調理冷凍食品にもとめる品温は、冷凍食品のおいしさに関係した味、色、テクスチャーを保つという観点から零下18℃である［野口1997:16］。しかし、本稿執筆中の2013年11月12日に「調理冷凍食品の日本農林規格は利用されておらず、格付率、利用率等の改善が見込めない」ということから、同規格は廃止が決定された。

写真7-6　輸入冷凍食品の包装。黒枠内が輸入品であることを意味している（2014年2月、筆者撮影）。
写真7-7　製造所固有記号を使用した包装（2014年2月、筆者撮影）。

の特性に従って記載すること」となっており、世界的な食品基準として有名な国連のFAO/WHO合同国際食品規格委員会（Codex）が冷凍食品の貯蔵温度として規定している零下18℃が書かれている。食品衛生法では、衛生的に保管するという観点から冷凍食品にもとめる品温を零下15℃としているが、両方を満たすために、より厳しい基準の零下18℃が書かれている。[*18]

「製造者」の表示には、製造所名と製造所住所が書かれる。しかし、それ以外にも表示方法がある。写真7-6と写真7-7の黒枠に囲まれた部分を参照してほしい。

写真7-6の黒枠内には、「原産国名」と「輸入者」が書かれている。これは、製品をつくった工場は国外であり、この製品は海外からの輸入品であることを意味している（逆に言えば、この記述がなければ、国内の製造工場で製造された、ということである）。写真7-7の黒枠内には、「A992」という文字が記されている。これは、消費者庁が一括してまとめている製造所固有記号であり、この記号が製造工場を示している。この記号を用いる目的は、表示面積の節約と、他社工場に製造を依頼している販売社が自社の名称、所在地を書けるようにすること、の二点である。後者の目的は、近年、プライベート・ブランド（PB）商品が出回るようになり、それらの商品は大手メーカーの製造ラインを借りて製造されていることがおおい、という状況を勘案

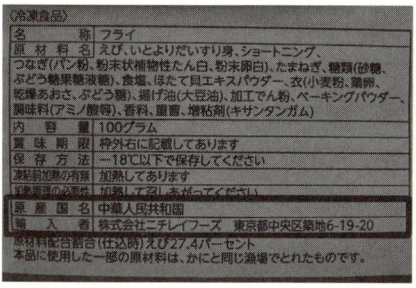

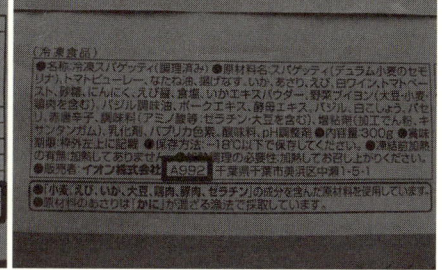

してのことである。現に、PB商品のおおくに、この製造所固有記号が記載されている。

　ただし、消費者はこの製造所固有記号のことを十分に認識していないため、PB商品には製造工場が明記されていないとの誤解が蔓延している。「PB商品は製造元を伏せている。海外工場で製造されているのか？」という懐疑的な書き込みがインターネット上でなされているのは珍しくない。こうした書き込みは、消費者の理解不足がまねいていることではあるが、たしかに、製造所固有記号をつかっていると、包装をみただけではどこの工場でつくられた商品なのかを消費者は知ることはできない。「そのような制度はあまりよくないのではないでしょうか？」と、東海農政局で質問したところ、「企業もコストカットに必死なのだと思います。製造所とその住所を書くよりも、記号を書くだけの方が短くすむので、コストカットになるのです」との説明をうけた。消費者のための製造者情報であるが、それを書けばコストがあがる。商品価格があがれば、消費者は不平を言う。消費者には、安い商品を求める一面と、わかりやすい表示をもとめる一面のふたつの顔があり、この記号はその折衷案なのだと理解できよう。

　つぎに、「原材料名」の枠を見ると、JAS法の品質表示基準制度にもとづいて書かれているもの（下線字）と、食品衛生法にもとづいて書かれているもの（太字）がある。

　JAS法の品質表示基準制度では、原材料を、占める割合の大きい順にならべることに決めている。この「冷凍しゅうまい」はタマネギをもっとも含んでいる、ということである。それぞれの原料の原産地を書くことも定められているが、決してすべての原料について書く必要はない。加工食品において原料原産地表示が義務づけられているのは、22食品群と個別に規定されている4品目のみである。[19]さ

＊19　この「22食品群と個別に規定されている4品目」については、消費者庁・農林水産省による『JAS法に基づく食品品質表示の早わかり＜平成25年1月版＞』[2013]の9-10頁に掲載されている。

らに、この 22 食品群と 4 品目でも「原材料に占める重量の割合が 50％以上」でなければ、記載する必要はない。現に、この「冷凍しゅうまい」につかわれている原料の原産地は、ひとつも書かれていない。

　食品添加物も、この「原材料名」の枠に書かれており、これは食品衛生法にもとづいた記載である。ほかに、食品衛生法が記載を求めているものには、凍結前加熱の有無と加熱調理の必要性がある。

　最後に、JAS 法の品質表示基準制度のみがもとめている記載に、内容量がある。なお、内容量については、一部の商品は計量法というほかの法律によっても規定されている。

7.4　調理冷凍食品に入っているエビ

　わたしの家の近所のスーパーマーケットには、158 品の調理冷凍食品が販売されており、そのうち 16 品にエビがつかわれていた（2013 年 10 月 30 日調べ）。

　商品名をならべてみると、「えびフライ」、「えびグラタン」、「えびドリア」、「ペスカトーレスパゲッティ」、「ちゃんぽん（Ready Meal）」、「えびピラフ（Ready Meal）」、「え

[表 3] 調理冷凍食品につかわれるエビの原産地と種類

商品名	製造会社	エビの原産地	エビの種類
えびフライ	東洋冷蔵	タイ	バナメイ
えびグラタン	明治	タイ・ベトナム・中国	特定せず
えびドリア	明治	タイ・ベトナム・中国	特定せず
ペスカトーレスパゲッティ	イオン	中国	バナメイ
ちゃんぽん(Ready Meal)	イオン	中国	バナメイ
えびピラフ(Ready Meal)	イオン	ベトナム	特定せず
えびピラフ(Best Price)	イオン	ベトナム	特定せず
えび＆タルタルソース	マルハニチロ	ベトナム	バナメイ
野菜たっぷり中華丼の具	味の素	ベトナム	バナメイ
エビ寄せフライ	味の素	インド・インドネシア	天然エビ
えびがプリプリ! カップのグラタン	味の素	タイ	バナメイ
えびシューマイ	ニッスイ	ベトナム	ホワイトピンク
ちゃんぽん	ニッスイ	タイ・中国	バナメイ
えびとチーズのグラタン	アクリフーズ	タイ・中国	バナメイ
ごっつ旨い いか＆えびお好み焼き	テーブルマーク	ベトナム	クルマエビ科のエビ
ふわふわ衣のえび磯香り揚げ	ニチレイ	タイ・ベトナム	特定せず

出所：各社のお客様センターへの電話調査より筆者作成。

びピラフ (Best Price)」、「えび＆タルタルソース」、「野菜たっぷり中華丼の具」、「エビ寄せフライ」、「えびがプリプリ！ カップのグラタン」、「えびシューマイ」、「ちゃんぽん」、「えびとチーズのグラタン」、「ごっつ旨い いか＆えびお好み焼き」、「ふわふわ衣のえび磯香り揚げ」、といった具合である。

　この16品の調理冷凍食品につかわれているエビは、どこで獲れた、どの種類のエビなのだろうか。調理冷凍食品の包装表示方法を理解することからわかったように、どこで獲れたエビなのか、つまりエビの原産地を包装に書くことは、すべての商品に義務づけられているわけではない。この16品のうち、原産地が書かれていたのは、わずか3つの商品であった。また、どの種類のエビをつかっているのかということを包装から知ることはできない（もちろん、販売社が自主的に記載することは有り得る）。

　そこで、各社のお客様センターに「エビの原産地」と「エビの種類」を問い合わせ、表3にまとめてみた。

　表3を見てわかるとおり、エビの種類について「特定せず」という回答を得た商品が、16品中5品である。また、「エビ寄せフライ」（味の素）は「天然エビをつかっています」という回答であり、「ごっつ旨い いか＆えびお好み焼き」（テーブルマーク）は、「クルマエビ科のエビをつかっています」という回答であった。つまり、16品中7品は、わたしたちがその商品を食べるときに、どの種類のエビであるかは一定ではなく、同じ商品であっても、ひとつはバナメイがつかわれていて、ひとつはブラックタイガーがつかわれている可能性もある、ということである。

　また、どこの国からエビを調達しているかについても16商品中6つは、原料調達国を1カ国に特定しているわけではなく、タイ、ベトナム、中国のいずれから調達する

といった具合の方法をとっている。

　これがなにを意味しているのかというと、わたしたちがこれらの商品を食べるとき、どこの国で獲れたエビで、どの種類のエビか、ということは気づかないうちに変わっているということである。企業側の視点では、どこの国で獲れたエビであろうと、どの種類のエビであろうと、規格にあったエビの安定供給が最優先ということであろう。

　本研究をすすめている2013年は、エビの供給不足が深刻であった。2012年の夏以降、インド産やベトナム産のエビから日本が定める基準値を超える酸化防止剤が相次いで検出されたことと、タイの養殖池で「早期死亡症候群」という病害がバナメイに広がったことで、輸入冷凍エビの卸価格が高騰した。「極度の品薄で必要な数を確保することが難しい。こんな状況はない」と大手水産会社が言うほどの状態になった［日本経済新聞2013a］。その結果、外食各社が輸入エビをつかったメニューを相次いで縮小する影響がでている［日本経済新聞2013c］。2013年9月、インドネシア産ブラックタイガーの国内卸値は、1.8キロ3,600円〜4,000円弱で、前年同期にくらべ8〜9割高くなり、タイ産バナメイも、1.8キロ2,200円〜2,400円で、前年同期のほぼ2倍の値、という異常な状態であった［日本経済新聞2013b］。

　わたしが、調理冷凍食品につかわれているエビの原産地と種類を各社に問い合わせている時期は、まさにエビの卸価格が高騰し、エビの安定供給が不安視されている時期に相当する。わたしの問い合わせにたいし、「昨今の報道にありますように、東南アジアを中心とする一大生産地の事情悪化で、原料の安全調達は大変悩ましい状況になっています」と説明してくれた企業もあった。このように、ある種類のエビの卸価格が高騰すれば、調理冷凍食品につかわ

れるエビは、ちがう場所からの、より安い値のほかの種類のエビに移り変わっていくのであろう。

　わたしたちは、スーパーマーケットに1年間いつでもエビ入りの冷凍食品が陳列されていることに違和感を抱かない。エビ入りの冷凍食品を買うとき、エビフライを除けば、「エビを買っている」ということを意識さえもしないだろう。しかし、エビが生き物である以上、1年間安定してスーパーマーケットに商品を陳列するには、エビの原産地も変えるならば、エビの種類も変更する、といった企業の努力がある。そして、その企業の努力の上流には、世界各国・地域でエビを獲り、育て、加工している人がいる。

　わたしたち消費者にとって、エビ入りの冷凍食品は、電子レンジで「チン」をしたり、油で「ジュ～」と揚げたりするだけの簡便でかつ、すぐに空腹を満たせる商品であるかもしれない。しかし、規格化された商品であるだけに、その規格に合わせるための製造にはひと苦労があるにちがいない。わたしたちが楽をすればするほど、それまでの過程には手がかかる。調理冷凍食品ではなく、すしネタについての記事であるが、「すしネタは世界を旅する」というタイトルで『朝日新聞』につぎのような記事が掲載された［朝日新聞2014］。

　　タイの首都バンコクから南西に約50キロ。ここに世界でも有数の巨大な、すしネタの加工工場がある。アフリカ南部のモザンビーク沖でとれたエビや南米チリのサーモンが、すしネタになって日本やアジア各国へ旅立つ。ヨーロッパ産のサバは、しめサバになってヨーロッパへ帰っていく。
　　日本の水産会社の極洋が、タイの企業と合弁で2005年につくった「K&Uエンタープライズ社」の工

場。20カ国以上から魚が集まり、30カ国以上に輸出される。

　工場は4階建てで、各階にある作業場の面積を合計すると1万1400平方メートルになる。野球場ほどの広さだ。

　（中略）工場全体の作業員約900人のうち、半分は西隣のミャンマーからの出稼ぎだ。白い帽子がタイ人の作業員、赤い帽子はミャンマー人。帽子とマスクで顔がほとんど覆われているため、帽子の色で分かるようにしている。

　タイは日本などより人件費が安い。それにしても、わざわざ世界中から魚を運んで加工して輸出するより、それぞれ現地で加工するほうが安上がりではないのか。そんな疑問を、工場を案内してくれたK＆U社専務の山口敬三にぶつけた。

　「ネタづくりは非常に高い精度が求められる。小骨を完全に取り除き、顧客の要望に応じて1ミリ単位で大きさをそろえている。各地で加工するより、1カ所できちんと従業員を教育して作った方が効率的だ」。山口は強調した。

　調理冷凍食品の製造もすしネタと同じように高い精度の作業が求められるだろう。わたしは、表3にならべたエビ入りの冷凍食品を、ひとつの商品につき複数回食べた。いつ食べても、エビが入っている個数（たとえば、エビグラタンに入っているエビの個数）に変化がないのはもちろんのこと、視覚的に判断するかぎり、エビの大きさに差はない。エビの背ワタが気になったことや、エビの殻が混入していたこともない。

　わたしたちが、お金さえ払えばいつでもエビ入りの冷凍

食品を買い、手軽にお腹いっぱいになれる環境には、こういった裏側の努力がある。そのことを知り、それを知ったうえで、自分がなにを食べるかを判断する必要がある。

7.5 エビフライ

エビをつかった冷凍食品の代表である「エビフライ」が『暮しの手帖第2世紀』で特集されるのは、1974年のことである。そこでは、エビフライとして調理すると、エビの質の良し悪しはあまり重要でないということが指摘されている［暮しの手帖 1974a］。

たべてみたのは8銘柄、それが大小いろいろあって、合せて21種でした。食べくらべてみても、銘柄によっておいしい、まずいということはないようです。おなじ冷凍食品でも、コロッケとか、ハンバーグのように味がついていなくて、生のエビにコロモをつけただけのものです、そのエビも殆んど同じ種類だから、けっきょく違いようがないのかも知れません。

同じ値段のものには、だいたい同じような大きさのエビが使ってあって、この点でもさして違いはありません。

10尾入り、8尾入りのものは、どれもエビが小さく、エビフライというより「エビつきのコロモ揚げ」というところで、そう知ってしまえばこれはこれでいただけます。

写真 7-8　惣菜売場にて1本78円で販売されているエビフライ（2014年1月、筆者撮影）。

冷凍エビを食べる　73

写真 7-9　鹿児島県直産の活きクルマエビ（2013 年 12 月、筆者撮影）。

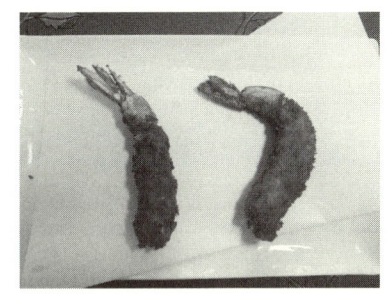

写真 7-10　活きクルマエビのエビフライ（左）とバナメイのエビフライ（右）（2013 年 12 月、筆者撮影）。

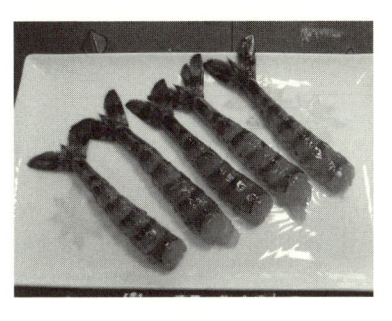

写真 7-11　活きクルマエビの刺身（2013 年 12 月、筆者撮影）。

エビはエビであり、エビフライにすれば、どのエビをつかってもたいして変わらないということを忌憚なく批評した記事である。

わたしは本研究をすすめるにあたり、総計で 1.5 キロほどのエビフライを食べた。惣菜売場で売っているすでに揚げられた 1 本 78 円（20g）のエビフライはもとより、冷凍食品メーカーが販売するエビフライ（298 円 /176g、1 本＝ 21g）も食べた。スーパーマーケットにならんでいる「養殖解凍バナメイ・殻つき」（300 円 /6 尾、1 尾＝ 40g）を自分でエビフライに調理もした。さらに、最高級のエビをつかったエビフライを食べてみたく、鹿児島から獲れたての活きクルマエビ（4000 円 /250g、1 尾＝ 25g）を取り寄せ、エビフライにして食べてみた。

300 円 /240g(1g あたり 1.25 円）の「養殖解凍バナメイ・殻つき」と、4000 円 /250g（1g あたり 16 円）の「活きクルマエビ」を同時にエビフライにして食べ比べした。1g あたりの値段の差は約 13 倍もある。やっぱり活きクルマエビをつかったエビフライはおいしい、

と言いたいところだが、わたしの舌はそれほど差を感じることがなかったというのが正直な感想である。わたしだけでなく、わたしの家族全員で食べ比べをしたが、3名みなが同意見であった。もちろん、活きクルマエビの質が低いわけでは決してない。刺身で食べると、プリプリッとした歯ごたえとエビの甘みがあり、冷凍エビとは雲泥の差を感じることができた。また、この2種類のエビを天ぷらにして味比べもしてみた。そうすると、「活きクルマエビ」の天ぷらは、エビのコクがしっかりと詰まっており、各段に美味かつ贅沢なものであった。

天ぷらでは可能であったものの、不思議なことに、「エビフライ」にすると、両者のちがいをわたしの舌は見分けることができなかった。ファーストフード店のフライドポテトのおいしさではないが、エビフライを食べるとき、エビそのものの食味ではなく、衣に吸収された油脂の質が、わたしの舌がエビフライのおいしさを峻別する基準になってしまっているのではないだろうか。その点で「エビフライ」を「エビつきのコロモ揚げ」と『暮しの手帖』が表現したのは言い得て妙である。そもそも、フライという調理方法には、良質な素材を必要としていなかったとも考えられる。それが、素材と油を吟味する天ぷらとのちがいなのかもしれない。

8　むすび

2013年はエビの偽装問題が大きな話題となった1年であった。その端緒は、6月に明るみとなった、東京ディズニーリゾートのホテルで、クルマエビと表記しながら、ブラックタイガーをつかった料理が提供されていたことであった。このときは、それほど話題にならなかったが、高級

ホテルのレストランや百貨店でも、エビの偽装表示をしていたことが10月下旬から続々とあきらかになり、エビの偽装問題がにわかに注目を浴びるようになった。連日にわたって流れるニュース報道によれば、小さいエビは「シバエビ」、大きいエビは「クルマエビ」と称するという外食産業の勝手な慣習から、バナメイがシバエビと表示され、ブラックタイガーがクルマエビと表示されていたようだ。[20]

この一連の偽装表示をめぐって、提供者側の食にたいする不誠実な態度は糾弾されてしかりである。ただ、その不誠実な態度を見抜く力がなかった消費者には、反省すべき点はないのであろうか。

村井吉敬の歩いたエビの世界を追体験したくて訪れたインドネシアのエビ養殖池で、「日本ではどうやってエビを食べるのか」と訊ねられたことを契機とし、本稿は、スーパーマーケットにならぶエビ入りの冷凍食品を買い、食べてみることを中心に、わたしたちのエビの消費行動の実態をあきらかにしてきた。その際、エビ入りの冷凍食品を買って、食べることが日常的となりうる、購買環境／台所環境の出現過程にも眼を配った。すると、あまりにも無知なままに、簡便な冷凍食品を消費しているわたしたちの姿が垣間見えてきた。わたしが問題視したいのは、簡便な冷凍食品を消費していることではなく、トレンド的なグルメ情報には敏感な一方で、その詳細の吟味には無関心な消費性癖である。企業が営利目的に世界中からエビを買い付けてくることは、当たり前と言えば、それまでである。しかし、わたしたち消費者は、1年中、スーパーマーケットにエビがならんでいることに違和感どころか、そうした事実さえも意識することはない。どのような社会環境／生活環境のもとで冷凍食品を消費することは可能になっているのか、どのような過程を経て冷凍食品はわたしたちの食卓に届い

*20 この一連のエビ偽装表示問題によってエビへの関心が高まり、2013年末に、東京の食品宅配会社オイシックスが、エビの食べ比べセットを限定発売するという風変わりなことまで起きた。「シバエビとバナメイ」、「クルマエビとブラックタイガー」それぞれの食べ比べセットがある［朝日新聞2013］。

ているのか。わたしたちはこういったことにたいしてあまりにも無関心すぎる。このような消費者の「食」にたいする意識の低さ・無関心さが、食品偽装の起きる余地を与えてしまう。

　村井吉敬、鶴見良行は「モノ研究」をとおして「一人ひとりがみずから考える姿勢をもつこと」の必要性を伝えようとした。わたしたちは、好むと好まざるとにかかわらず、世界中からエビが送られてきて、24時間いつでもエビ入りの冷凍食品をスーパーマーケットで購入でき、電子レンジで「チン」や、油で「ジュ〜」と揚げるだけ空腹を満たせる時代を生きている。そうした環境にいることをしっかりと自覚したうえで、一人ひとりがなにを、どのように食べるのか、を考えていく必要があるのではないだろうか。そうすることが、村井の訴えたエビ生産者とエビ消費者の顔の見える関係を構築するための、たしかな一歩になるとわたしは信じている。

　わたしは、サプルディンさんのエビ養殖池を再訪し、「日本でどうやってエビを食べているのかを調べてきました」と伝えたいと思っている。まだまだ不十分ではあるが、少しはサプルディンさんとエビ談義ができるだろう。

謝辞

　本稿の執筆には、実にさまざまな方がたにご協力をいただきました。一人ひとりのお名前をあげることはできませんが、わたしのインタビューに快く応じてくださったすべての方がたに深く感謝申しあげます。とりわけ、計10時間にもおよぶ膨大な時間をかけて、むかしの食生活を語ってくださった木村次子さんには、この場をかり、厚くお礼申しあげます。このインタビューをきっかけに、木村さん

は自宅で作った手料理を御裾分けしてくれるようになりました。本稿の執筆をつうじて、こうしたつながりができたことが何よりも嬉しいことでした。ありがとうございました。

文献

味の素株式会社
 2009 『味の素グループの百年——新価値創造と開拓者精神』、味の素株式会社。

赤嶺淳
 2004 「小さなかつお節店の大きな挑戦」、藤林泰・宮内泰介編『カツオとかつお節の同時代史——ヒトは南へ、モノは北へ』、コモンズ、256-276頁。

赤嶺淳編
 2011 『クジラを食べていたころ——聞き書き 高度経済成長期の食とくらし』、グローバル社会を歩く①、グローバル社会を歩く研究会。
 2013 『バナナが高かったころ——聞き書き 高度経済成長期の食とくらし2』、グローバル社会を歩く④、グローバル社会を歩く研究会。

有沢広巳・稲葉秀三編
 1966 『資料・戦後二十年史——2 経済』、日本評論社。

旭化成株式会社
 n.d. 「サランラップの豆知識」http://www.asahi-kasei.co.jp/saran/products/saranwrap/about/history.html［2013年12月17日取得］。

朝日新聞

1956 「冷凍食品——台所の革命児　安くて、いつも新鮮」、『朝日新聞』、1956 年 4 月 24 日。

1966 「バナナはなぜ高い」、『朝日新聞』、1966 年 4 月 16 日。

1982 「日記から——バナナとエビ」、『朝日新聞』、1982 年 1 月 18 日。

2013 「食べ比べセット——「違い知りたい」要望に応え」、『朝日新聞』、2013 年 12 月 22 日。

2014 「すしネタは世界を旅する」、『朝日新聞』（GLOBE）、2014 年 1 月 5 日。

江原絢子・東四柳祥子編

2011 『日本の食文化史年表』、吉川弘文館。

藤林泰

2004 「インドネシア・カツオ往来記」、藤林泰・宮内泰介編『カツオとかつお節の同時代史——ヒトは南へ、モノは北へ』、コモンズ、75-95 頁。

櫨山啓子

1992 「カップラーメン・ストーリー」、村井吉敬・鶴見良行編『エビの向こうにアジアが見える』、学陽書房、303-326 頁。

平野孝三郎

1982 『缶詰入門』（食品知識ミニブックスシリーズ）増補改訂版、日本食料新聞社。

石毛直道

1989 「昭和の食——食の革命期」、石毛直道・小松左京・豊川裕之編『昭和の食——食の文化シンポジウム 89』、ドメス出版、9-38 頁。

株式会社ニチレイ

1996 『ニチレイ 50 年史——資料編』、株式会社ニチレイ。

北原妙子
  1992 「サクラエビを守る」、村井吉敬・鶴見良行編『エビの向こうにアジアが見える』、学陽書房、275-291頁。

小菅桂子
  1997 『近代日本食文化年表』、雄山閣出版。

公正取引問題研究会
  2009 「「石崎製菓」に景品表示法違反のおそれで警告」、『公正取引情報』2188号：8-9。

高宇
  2004 「1920年代における水産物冷蔵流通構想と実践——葛原冷蔵の創業と失敗について」、『立教経済学研究』58巻2号：47-66。

暮しの手帖社
  1956 「冷蔵庫より役に立つジャー」、『暮しの手帖』35号：154-157。
  1958 「電気冷蔵庫」、『暮しの手帖』45号：38-55。
  1961 「電気冷蔵庫のなかのたべもの」、『暮しの手帖』59号：4-21。
  1964 「電気冷蔵庫の自動霜取装置をくらべる」、『暮しの手帖』76号：134-139。
  1965 「電気冷蔵庫をテストする」、『暮しの手帖』80号：22-41。
  1970 「2ドア式電気冷蔵庫をテストする」、『暮しの手帖第2世紀』6号：20-35。
  1972 「2ドア式の冷蔵庫で冷凍食品を作れるか」、『暮しの手帖第2世紀』18号：4-15。
  1974a 「おそうざいむき——冷凍のエビフライ」、『暮しの手帖第2世紀』28号：116-118。
  1974b 「電子レンジこの奇妙にして愚劣なる商品」、

『暮しの手帖第 2 世紀』33 号：4-17。

三浦哲郎
    1989　「盆土産」、三浦哲郎著『冬の雁』、文藝春秋、27-41 頁。

宮内泰介
    1989　『エビと食卓の現代史』、同文舘出版。

村井吉敬
    1988　『エビと日本人』、岩波新書（新赤版）20、岩波書店。
    2006　「『エビと日本人』以降のエビをめぐって——可能性としてのエコシュリンプに期待する」、オルター・トレード・ジャパン編『at』5 号：6-18 頁。

村井吉敬・鶴見良行編
    1992　『エビの向こうにアジアが見える』、学陽書房。

村瀬敬子
    2005　『冷たいおいしさの誕生——日本冷蔵庫 100 年』、論創社。

中尾卓
    2000　「サランラップ——おいしさ包んで、40 年」、『化学と工業』53 巻 6 号：670-673。

日本経済新聞
    2013a　「輸入冷凍エビ卸値 4 割高——伝染病で供給減、円安も影響」、『日本経済新聞』、2013 年 4 月 11 日。
    2013b　「輸入冷凍エビ高騰——アジア産地、病害で供給減」、『日本経済新聞』、2013 年 10 月 1 日。
    2013c　「輸入エビ使用外食が縮小——病害で高値、「てんや」上天丼休止」、『日本経済新聞』、2013 年 10 月 18 日。

日本冷凍協会
　　1938　「『晩餐会テーブル・スピーチ』速記」、『冷凍』150号：50-68。

日本冷凍食品協会
　　2012　『社団法人日本冷凍食品協会40年史』、社団法人日本冷凍食品協会。

日本水産株式会社
　　2011　『日本水産百年史――史料』、日本水産株式会社。

二宮正之
　　1983　『バナナと共に30年』（非売品）、二宮正人。

野口敏
　　1997　『冷凍食品を知る』、丸善。

農林水産省
　　1979　『水産業累年統計第2巻』、農林統計研究会。

岡田稔
　　2008　『かまぼこの科学』新訂版、成山堂書店。

大蔵省
　　『日本外国貿易年表――品別国別編』、1952-1961年。
　　『日本貿易月表――品別国別編』、1962-1999年。

大宅映子
　　1989　「昭和の食――自分史」、石毛直道・小松左京・豊川裕之編『昭和の食――食の文化シンポジウム89』、ドメス出版、41-49頁。

ポプラ社
　　2010　『マザーフードマガジン「旬」がまるごと――特集：えび』（2010年9月号）、ポプラ社。

冷凍食品新聞社「冷食事始」編集班編
　　1989　『冷食事始――証言・昭和の冷凍食品』、冷凍食品新聞社。

酒向昇
　　1979　『えび――知識とノウハウ』、水産社。
佐野眞一
　　1998　『カリスマ――中内㓛とダイエーの「戦後」』、日経 BP 社。
消費者庁・農林水産省
　　2013　『JAS 法に基づく食品品質表示の早わかり＜平成 25 年 1 月版＞』、消費者庁・農林水産省。
週刊朝日編
　　1987　『値段の明治・大正・昭和風俗史（上・下巻）』、朝日文庫。
田口知次郎
　　1926　「本邦冷蔵庫の初め」、『日本冷凍協会誌』1 巻 5 号：1。
特定非営利活動法人アジア太平洋資料センター（PARC）
　　1989　『奪われたエビ』（スライド）
東洋経済新報
　　1924　「葛原冷蔵庫の事業と内容（1）」、『東洋経済新報』、1924 年 1 月 19 日。
鶴見良行
　　1982　『バナナと日本人――フィリピン農園と食卓のあいだ』、岩波新書（黄版）199、岩波書店。
　　1995　『東南アジアを知る――私の方法』、岩波新書（新赤版）417、岩波書店。
　　2010　『エビと魚と人間と南スラウェシの海辺風景――鶴見良行の自筆遺稿とフィールド・ノート』、みずのわ出版。
都筑一栄・藤本勝彌編
　　1982　『輸入えび 20 年史―― 100 名と語る、昔、今、未来（あした）』、フジ・インターナショナル。

宇田川勝・上原征彦監修
    2011　『日本水産百年史』、日本水産株式会社。
和合英太郎
    1926　「創立披露の辭」、『日本冷凍協会誌』1 巻 1 号：2-3。
山川浩二編
    1987　『昭和広告 60 年史』、講談社。
柳田國男
    1993　『明治大正史世相篇——新装版』、講談社学術文庫。
読売新聞
    1995　「ヒット商品きのう・きょう・あす——食生活に"冷凍マジック"」、『読売新聞』、1995 年 4 月 19 日。
財務省
    『日本貿易月表——品別国別編』、2000-2012 年。

ローカルな舌とグローバルな眼をもつ
——市場通いの食生活誌

赤嶺　淳

　縁あってマレーシアはサバ州・コタキナバル市（Kota Kinabalu、市民は頭文字を略してKKと呼ぶ）で暮らしている。日本財団のアジア・フェローとして、2013年8月から2014年3月末まで滞在する機会を頂戴したのだ。

　サバ州は、シパダン島やラヤンラヤン島など世界的に有名なダイビング・サイトにもこと欠かないし、世界自然遺産のキナバル山（4,095m）をはじめ、オランウータンやボルネオゾウに遭遇できる（かもしれない）キナバタガン河（560km）など、山野河海のゆたかさをもとめる観光客で始終にぎわっている。その玄関口がコタキナバルである（2010年のサバ州の人口は311万7千人、うちKKの人口は43万6千人）。

　コタキナバルでの生活をはじめるにあたり、妻とわたしは、ある実験を思いついた。「なるべく冷蔵庫に依存しない生活をしてみよう」、「スーパーよりも、市場を中心に生活を組みたててみよう」というものだ。もちろん、冷蔵庫を使わないということではないし、スーパーを利用しないという

写真1　KKからサンダカンへむかう機中から望むキナバル山（2013年12月、筆者撮影）。

わけでもない。冷たいビールも飲みたいし、焼酎のロックに氷は欠かせない。ただ、日本の生活とことなるのは、電子レンジを使用しないことである。あれば便利であることは承知のうえだ。しかし、たかだか半年の滞在だから、電子レンジなど買うまでもない。ちょくちょく停電にもなるので、なるべく冷蔵庫に買い置きせず、とにかく毎日、市場に通い、新鮮な食材を買うようにしたのだ。

　ことわっておくが、コタキナバルにスーパーが存在しないのではない。平均的なスーパーは借家から歩いていける範囲に2つもあるし、市中心部には近代的なショッピング・モールもたくさんある。そうしたモールではTシャツでは寒いくらいに冷房が効いており、日本なみのサービスが（廉価に）享受できる。家族4人みなが一息つけるのは、そうしたモール内に軒をつらねるケーキ屋さんだ。わたしの好物は、ドリアン・レアチーズケーキだ。1カットが7リンギット（RM7=210円強）もする。[*1]

　最初にコタキナバルを訪問した1991年、日本的感覚でショッピングセンターといえるのは、いまはなきヤオハンだけであった。しかし、現在のコタキナバルは、ある旅行

写真2　野生復帰をめざしてトレーニング中のオランウータン（セピロックのオランウータン・リハビリテーション・センターにて筆者撮影）。

写真3　アブラヤシの新芽を食べるボルネオゾウ。「ゾウ出現」情報は、ツアーガイドからガイドへSMSにて瞬時に伝わった（2009年3月、キナバタガン河のエコツーリズムにて筆者撮影）。

写真4　キナバタガン河（2013年11月、ビリット村にて筆者撮影）。

＊1　わたしがKKに到着した8月下旬は1リンギットが29円代後半であったが、本稿執筆時（2014年1月末）現在のレートは、31円代後半から32円代前半である。

ローカルな舌とグローバルな眼をもつ　87

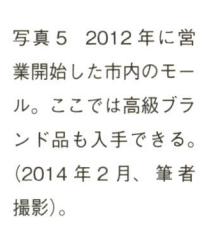

写真5　2012年に営業開始した市内のモール。ここでは高級ブランド品も入手できる。（2014年2月、筆者撮影）。

＊2　Simon Richmond, 2013, *Malaysia Singapore and Brunei*, 12th edn., London: Lonely Planet Publications, p. 306.

　ガイドブックが「（人も店舗も）ガラガラのショッピング・モールをどれだけ建てれば気がすむのか」と、建設ラッシュを揶揄するほどにモールが乱立している[*2]。たしかにモール内の、すべての店舗が埋まっているわけでもないし、客もまばらだ。実際、2009年3月にKKを訪問した際、市内最大級のショッピング・モールが建設途中で、その規模におそれいったことを覚えている。しかし、それもつかの間だった。現在も、埋め立て地で2棟のモールが建設中である。

　だから、そんな都市で、なにも「市場通いに精をだす必要などない」といえば、それまでである。しかし、わざわざそんな風変わりな実験をおこなうのは、まさに高度成長の渦中にあるマレーシア社会なり東南アジア社会なりの変容ぶりを自分の体験として記憶しておきたい、と考えたからである。もちろん、日本的なセンスで不便さを探せば、無限に指摘できる。他方、だからといって、人びとが味気ない生活に甘んじているわけではないはずだ。

　わたしの関心は、ここにある。実際、日本が高度成長の過程にあった50年前の暮らしぶりでさえも、現在のわたしたちの感覚からすれば、想像を絶するものにうつるにち

がいない。しかし、だからといって、当時の人びとが人生を楽しんでいなかった、などと断言できるであろうか？　なにも「マレーシアが日本より50年遅れている」などと主張しているのではない。それぞれの社会には、それぞれに適合した暮らし方があるはずであり、その核を見極めたいのである。

　現代日本の、効率的で利便性に富んだ生活を否定はしない。しかし、それは、電力をはじめ、化石燃料をふくむ膨大なエネルギーの消費を前提としたものである。だとするならば、より省エネでいて、かつ満足できる生活を志向することは不可能なのか？　効率と便利さ以外に、わたしたちがもとめるべき価値は存在しないのか？

　以下の小論では、本書の鍵でもある「生鮮」と「冷凍」の対立を軸に、6カ月におよんだコタキナバルでの生活を「食」の観点からふりかえり、「生鮮の世界」のゆたかさについて考えてみたい。そして、「食」のローカルとグローバルな流通を、スローフードとファーストフードの問題とからめて、自分の生き方をみずから選択し、実践してみることの必要性を確認してみたい。

　　　　　　　　＊　＊　＊

　KKでの生活は、つぎのようなものである。

　わたしの1日は、神の偉大さをたたえるアザーンのしらべではじまる。スブと呼ばれる早朝のお祈りは、日の出の時刻に連動しているが、だいたい5時前後である。20年ちかくつづけている柔軟体操でカラダを伸ばした後、机にむかう。まだ、外は暗い。しかし、1時間もすると、小鳥がさえずりはじめる。「早起きは三文の徳」を実感できる

写真6　コタキナバル市立モスク。鮮やかな青色が特徴で、ブルー・モスクとの異名をもつ。10年の建設期間を経て2000年建立（2014年1月、筆者撮影）。

ひとときである。

　子どもたちを学校に送りだしてから、妻と市場へ食料の買い出しに行くのは、9時過ぎである。バスさえちゃんと来てくれれば、30分以内に市場に着くことができるが、1時間かかることもしばしばである。

　KK市民の胃袋を満たしてくれるのは、中央市場である。ここでは魚から肉、野菜、果物まで、なんでも揃う。わたしたちは、だいたい、魚、肉、野菜、果物の順に買い物をする。欲しいものによって、足をむける店もだいたい決まっている。

　買い出しから帰宅するのは11時から12時の間である。コーヒーとフルーツの軽食を口にし、午後の仕事にはいる。夕方、一区切りついた5時ごろに水浴びしてからは、「お楽しみタイム」である。冷蔵庫で冷やしたビールで乾杯だ。マレーシアのテレビ局やアルジャジーラでニュースを確認したり、サッカーやテニスなど海外のスポーツ番組を眺めた

写真7　コタキナバル中央市場（2013年12月、筆者撮影）。

りしながら、のんびりと過ごす。

　夕食は 7 時ごろ。その後は、冷凍庫から取りだした氷で焼酎のロックを楽しみながら、本を読んだり、ネットで新聞を読んだりして 10 時前には床につく。

　と、以上が、だいたいの生活である。こんなに規則正しい生活など、フィリピンでの留学時代に経験して以来のことだ。とはいえ、当時は、気軽な独身でもあり、若かったことも手伝って、脂っこいものであろうとなんであろうと、好きなときに好きなものを好きなだけ食べていた。深酒もめずらしいことではなかった。しかし、今回は一家 4 人での滞在であり、妻とわたしに課された任務は、自身をふくむ家族の健康管理とそのための食料調達である。だから、午前中の買い出しは、必要不可欠な作業なのである。そもそも市場は好きだし、人びととの会話のなかから学ぶことも多く、格好の勉強の場である。だから、晴れていれば、暑くとも、まったく苦にならない。しかし、雨のなか、バスで市場に通うのは、決して楽しい作業ではありえない。車を運転できない自分がうらめしくなる。

お米と物価

　現代のマレーシアで主食といえば、お米であろう。民族によってはメラナオ人やブルネイ人などサゴヤシを、またバジャウ人などキャッサバの澱粉を主食としてきた人びともいる。

　KK の市場では、写真 8 が示すようにキログラムあたり 2.5〜12 リンギットまで幅のある価格の米が流通している。いわゆる長粒米が主流ではあるが、短く太く、丸っこい日本のお米に似たものもある。お米はサバ州内でも生産されているものの、不足分をタイやベトナムからの輸入でまか

写真8 KK市場のお米屋さん。店主はコタブルの出身で、コタブル周辺の新米を提供している（2014年1月、筆者撮影）。

なっている。インドやパキスタンから高価なタジマハル米（RM7.6/kg）やバスマティ米（RM6.5/kg）も輸入されている。

わが家では、さまざまな米を楽しむため、いろんな米を市場で1キロずつ買うようにしている。ただし、日本人学校のお弁当用としては、冷えてもぱさつかないし、おにぎりも作れるほど粘り気のあるサバ産のお米（RM4/kg）を購入している。なんと、これは大手の精米会社が5キロと10キロの袋でスーパー（!!）に卸していて、市場では入手できないようだ。

タジマハル米もバスマティ米も、ブリヤニと呼ばれるインド風炊き込みご飯には抜群の美味しさを発揮するとのことであるが、残念ながら普通に炊いただけでは特筆するほどの美味しさは感じられなかった。このあたりが料理の奥深さであって、まだまだ勉強不足を痛感させられる。

スーパー各社に卸す大手のパン屋さんのほかにも、市内のあちこちにパン屋さんが点在していて、パンに不自由はしない。日本では白い食パンが主流であるが、ここでは、全粒粉や胚芽、オートミール入りなどの各種の食パンも普通に売られている。食パン1斤は、だいたい4〜6リン

ギットである。

　マレー系、華人系、インド系を問わず、麺食も一般的である。麺には、小麦粉を主原料としたものと、米を主原料とするビーフン系のものとがある。朝飯や昼食などの場合、米飯であろうと麺であろうと、外食しても5〜10リンギットの範囲におさまる。定食、そば、うどん、ラーメンの感覚で比較すると、物価は日本の3〜5分の1といったところであろうか。

　大卒の初任給は文系だと3,000リンギット程度らしい。これから考えると、物価は日本の半分ぐらいとなる。ところが、市内のバスは1リンギットで、タクシーの初乗り（ただし、要交渉）は20リンギットである。バスが安くてありがたい一方で、タクシーは600円強と日本なみの高さである。なかなか一概に物価を比較するのはむずかしいが、食べ物が安くて美味しいというのは、ありがたいことだ。ちなみに産油国でもあるマレーシアのガソリンは1リットルあたり2.1リンギットである。[*3]

サメを食べる

　魚市場には、およそ100の小売店がひしめいている。それぞれ専門があって、エビならエビ、サメならサメ、マグロならマグロを売っている。もちろん、それ以外の魚類もたくさんあって、早朝のにぎわいは圧巻である。

　わたしは、フカヒレをふくむサメ類の利用に関心をいだいているので、サメ売りの人びとに意見を訊くべく、到着早々から足繁く訪問していた。というのも、400種ほど存在するサメ類のな

*3　ただし、政府がリットルあたり60セントの補助金をだしているので、実際の価格は2.7リンギットとなる。

写真9　KKの魚市場（2013年11月、筆者撮影）。

[表1] CITES 附属書 I および II に掲載された板鰓類と発効年（7科9属17種）

学名	標準和名	附属書	発効年	備考
Rhincodon typus	ジンベエザメ	II	2003	
Cetorhinus maximus	ウバザメ	II	2003	
Carcharodon carcharias	ホホジロザメ	II	2005	
Pristidae spp.	ノコギリエイ類	I	2007/13	2属7種
Carcharhinus longimanus	ヨゴレ	II	2014*	
Sphyrna lewini	アカシュモクザメ	II	2014*	
S. mokarran	ヒラシュモクザメ	II	2014*	
S. zygaena	シロシュモクザメ	II	2014*	
Lamna nasus	ニシネズミザメ	II	2014*	
Manta spp.	マンタ類	II	2014*	2種

出所：CITESのデータベース（http://www.speciesplus.net/）より筆者作成。
* CITES第14条1項は、当該CoP終了後90日を経て附属書の改定がおこなわれることを謳っている。しかし、*がついた種は、採決にあたり、いずれも18カ月間の調整期間が付帯されているため、これらが附属書に記載されるのは2014年9月14日以降となる。

かには絶滅が危惧されるものもあり、2002年以降、野生生物の保護を目的とするワシントン条約で注目を浴びてもいるし、動物愛護を主張する人びとのなかには、「サメ食慣行を野蛮」とみなす意見もあって、捕鯨同様にサメ漁業は将来的に不安な要素を抱えているからである。フカヒレが中国料理の高級食材であることは周知のことであるものの、サメ肉自体は、どうやって消費されているのか？　今回の滞在では、それを知りたいと考えていた。

　現在、KK市場には常時、サメ類とその仲間のエイ類（まとめて板鰓類と呼ぶ）を専門にあつかう店が少なくとも2軒ある。なかでもわたしは、サウディさんと懇意になった。サウディさんは、マレーシアとフィリピンの国境の島、バンギ島で1965年に生まれた「マレーシア人」だが、もともとの出自はフィリピンのカガヤン・デ・タウィタウィ島出身のマプン人だ。サウディさんが生まれたとき、たまたま家族がマレーシア領のバンギ島にいた、というだけで、お父さんはカガヤン・デ・タウィタウィ島とバンギ島を行ったり来たりの生活だったようだ。もっとも、サバ州がマレーシアに参加したのは1963年だから、サウディさんが

生まれたころは、マレーシアとフィリピンの国境はあいまいなものだったはずだ。事実、サウディさんは、高校時代をフィリピンで過ごしている。サウディさんにかぎらず、KK市場、とくに魚市場には元フィリピン系のバジャウ人やタウスグ人が多い。

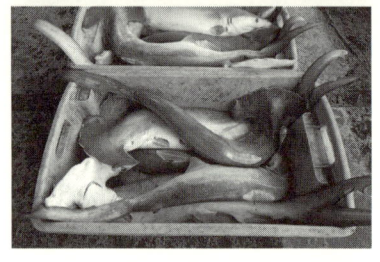

写真10 ワシントン条約Cap16の会場でシュモクザメ類の保護を主張する人びと（2013年3月、バンコクにて筆者撮影）。

写真11 水揚げされたシュモクザメ（2013年12月、KK市場にて筆者撮影）。

　まずもっておどろいたのは、ここの市場には、2013年3月に開催されたワシントン条約第16回締約国会議（CoP16）で附属書Ⅱへの掲載が決まったシュモクザメ類がたくさん水揚げされていることであった。市場で販売されているシュモクザメのヒレは、すでに切断されている。こうしたフカヒレは、乾燥後、ほとんどが輸出される。しかし、注意すべきは、ツマグロなどと同様、シュモクザメ類の魚肉が、現地で消費されていることである。

　サメ類の魚肉の価格は、皮をはいだ状態でキログラムあたり10～12リンギットである。これは後述するキハダマグロと同等の位置づけであり、ハタ類やロウニンアジなどのように高級魚ではないが、高すぎず、また安すぎない中程度の価格帯だといえる。

写真12 KK市場で売られているサメ肉（2013年9月、筆者撮影）。

写真13 KK市場2階の食堂で売られているシナゴール（2014年1月、筆者撮影）。

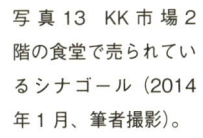

市場や市場周辺の屋台で訊いたかぎりでは、唐揚げでもいいし、カレーやシナゴール（sinagol）という茹でた身をほぐし、レモングラスとターメリックで炒めたうえに柑橘類のジュースをあえる料理がよいという。シナゴールには、好みに応じてココナツミルクをくわえる人もいる。

　実際、わたしも唐揚げ、カレー、シナゴールと各種のシュモクザメ料理を試してみた。さっぱりとした味で、やわらかいなかにもしっかりとした歯ごたえがあり、美味しかった。とくに、シナゴールは、酒のつまみにもってこいだ。漁撈民として名高いバジャウ人の友人が教えてくれたように、全粒粉の食パンにはさみ、とろけるチーズとともにサンドイッチにするのもいい。弾力性のある歯ごたえにくわえ、煮こごったゼラチンがたまらないのだ。妻が、「よく飽きないねぇ」と不思議がるほどに、わたしは食べた。今回のコタキナバル生活を象徴する1品でもある。

　なにも、フカヒレ採取を正当化するためにサメ肉食を推奨しようというのではない。マグロ・カツオ類やアジ類、各種のハタ類などと同様に、コタキナバルでは、サメやエイなどの板鰓類も人気魚種であることを指摘しておきたいだけである。このことは、市場で板鰓類の売れ行きを観察していれば一目瞭然である。

豚肉が食べたい

　マレーシアでの生活が一段落したころ、ふと、豚肉が食べたくなった。そうなのである。マレーシアは世俗国家ではあるものの、イスラームを国教としているのだ。首都の

あるマレー半島にくらべれば、サバ州にはキリスト教徒も多いし、もちろん華人もたくさん暮らしている。第一、これまでにサバを何度も訪問しているが、豚肉で苦労した記憶はない。しかし、いずれも食堂やレストランで豚肉料理を注文したのであって、どこでどのように豚肉が売られているのかについては、あらためて考えたことがなかった。

写真14 KK市場の豚肉屋さん。春節前で忙しそうにしていた（2014年1月、筆者撮影）。

　探してみると、簡単に見つけることができた。豚肉屋さんは、KK市場のすみにかたまっていた。7人の豚肉屋さんが、解体したての肉を頭から尻尾まで、部位ごとに売っている。チャーシュー専門店も2軒ある。しかし、困ったことに、部位が細かすぎて、どこの肉を買っていいのか、わからない。お客を観察していると、「今日は〇〇を作るから、▲▲を」といった感じである。魚でもそうだが、ここではキロ単位なのだ。もちろん、計り売りなので、グラム単位でも買うことはできる。しかし、塊で売られているため、1ブロックが、どうしても600〜800グラムになってしまうのだ。

　そうこうしているうちに特定の豚肉屋さんと懇意になった。彼は、台湾で学んだ元獣医さんで、みずから豚を飼育していたこともある。サバ州の決まりで豚肉の輸入は認められておらず（牛肉は輸入可）、サバ州内で育ったものだという。サバ州における豚肉の消費量はわからないが、こと流通に関しては、冷凍肉ではなく生肉が流通していることになる（ちなみに彼は、1日に5、6頭分の豚肉を販売している）。

　残念なことに、わたしの舌が冷凍肉と生肉の差異をかぎ

わけることができるかどうか、疑問である。しかし、ここの豚肉が、やわらかいことは実感できる。

お刺身が食べたい

　豚肉の美味しさに舌鼓をうってしばらくしてのことだった。物価の高い日本とことなり、お肉も野菜も具沢山のカレーに子どもも大満足であった。すると今度は、「お刺身が食べたい」とボソっと口にしたのだ。

　KK市内には複数の日本食屋さんがある。もちろん、そうしたお店ではお刺身もお寿司も食べることができる。しかし、わたしは、どことなく東南アジアで日本食レストランに行くことをためらっている。せっかく現地にいるのだから、現地のものを食べたいと思う。事実、東南アジアを歩くようになってすでに25年以上がたつが、この間、自分の意志で日本食レストランに行ったのは、わずか2、3回である。一度は、体調不良で苦しかったときだし（偶然にも、コタキナバルだった！）、それ以外は、日本語の新聞や雑誌を読みたくなって、つい足がむかったのだった。

　「半年ちょいの滞在なんだから、我慢できないかな？　日本に帰ったら、回転寿司に行こうね。早朝に到着するから、昼はお寿司だね」との説得が功を奏し、一度は子どももあきらめてくれた。それまでも何度もマグロの

写真15　キハダマグロの塊（2014年1月、筆者撮影）。

塊を眼にしてきたものの、刺身にするなど思いもよらず、「焼くんだったら、サワラの方が美味しいよな」などと気にとめることなく、素通りしていたのだが、このことがあって以来、不思議なものでキハダマグロの塊を市場で見るたびに、今度は自分が食べたくなったのだった。

　かりにスーパーで冷凍マグロを見たとしても、これほどの衝動に駆られなかったであろう。ところが、わたしの目の前に並んでいるのは、獲れたてのマグロだ。なんとか、これを刺身で食べることはできないものか？

　すると、鹿児島大学水産学部を定年退職され、現在KK在住のK先生が、「新鮮なものだと、塩でしめれば、たいていは刺身で食べることができるんですよ。わたしは、魚を知るにあたっては、まず、刺身で食べてみることにしています」という。魚のプロであるK先生は、まるまる1尾を購入し、自分でさばいて塩でしめるらしい。「10分ほど冷蔵庫にいれておき、塩は水で洗い流してください」

　しかし、素人のわたしに、マグロなどさばけるはずもなく、店で売られている塊を買ってくるしかない。たしかにマグロそのものは新鮮だ。しかし、問題は、店の包丁とまな板だ。どうみても、清潔ではない。まな板をゆすぐ水もよどんでいる。それらを使って塊にされたマグロを、どうすれば刺身で食えるのか？

　こちらの人びともするように生姜を効かせ、酢でしめてみた（ウマイ umai もしくはヒナバ hinava）。個人的には、もう少し唐辛子も効かせたかったが、子どものことを考え、唐辛子は食べるときに個人の好みで添加するようにした。悪くない。しかし、生姜が子どもにはきつすぎるようだ。やはり、「刺身が食べたい」という。

　そこで、しめすぎは承知で、3時間ほどしめてみた。おどろいたことに、赤味が鮮やかさを帯びている。ブヨブヨ

だった肉質もしまっている。しかし、部位によっては塩がきついこともある。そんなところは、醬油をつけずにワサビだけで食べると、これまた美味なのだ。以前、高知市をおとずれた際、「カツオのタタキは、ワサビと岩塩で食べても美味しいんですよ」と紹介された、その応用だ。

毎日あるとはかぎらない

　「毎日、マグロでもいいね」とはいうものの、マグロはいつも売られているわけではない。当然ながら海があれると漁獲できない。また、水揚げがあっても、ブロック売りされるとはかぎらない。というのも、1尾の重量が80〜90キロ以上のものしかブロックに分解されず、それ以下のものは1尾ごとの売買となるからである。だから、こちらに暮らす日本人夫妻の知恵を拝借して、保冷剤がわりに凍らせたペットボトルを用意し、「今日はマグロだ」と勇んで市場にでかけ、肩すかしをくらったことも少なくない。備蓄して在庫管理ができる冷凍マグロではなく、生鮮マグロである以上、あきらめるしかない。

　豚肉も同様である。肉は残っていても、わたしたちが欲しい部位が売り切れていたりすることは珍しくない。野菜もそうだ。とにかく、その日に入手できるもので献立を考えなくてはならないのだ。

　他方、スーパーには、日本ほど派手ではないが、チラシも用意されており、なにが売られているかは、事前に想像がつく。冷凍したサンマやサケも売られている。もちろん、輸入品だ。ニュージーランドから輸入されたラム肉も、牛肉も、カチカチに凍った状態で並んでいる。なかでも、びっくりしたのは、高級品をあつかうスーパーで、かつて調査でおとずれた北海道はオホーツクの株式会社北勝水産（常呂郡佐呂間町）が製造した「急速冷凍帆立貝柱」の箱

（1kg入）を発見したことである。こちらでは電子レンジもなく、冷凍食品を買わないため、なかなか気づくことがなかった（帆立貝柱に気づいたのは、祖父江さんがマレーシアの冷凍食事情を調査に来たときのことである）。解凍すれば、そのまま刺身として食すことのできる商品であるとはいえ、229リンギット（およそ7,000円）と高価なものだ。大漁時のキハダマグロの相場が、キログラムあたりRM7まで安くなることを考えると、帆立貝柱の高級感も理解できるはずだ。

高度成長期の生活ごっこ？

　昨、2013年の4月のことである。自宅から大学へ通う道で「長らくのご愛顧ありがとうございました」との貼り紙が目についた。精肉店や魚屋など食料品をあつかう小売店があつまっていた「市場」が営業を中止したのである。たしか「79年間のご愛顧に感謝」とあったと記憶している。2013年は昭和88年に相当するので、昭和9年（1934年）に設立された計算になる。2001年に名古屋に赴任してきた当初、ちかくの官舎に住んでいたことから、よく通ったものだ。「品はいいが、値がはる」ことは、近所のみなが承知だった。わたしはそこで「サンマの酒干し」なる商品を知り、ハマってしまった。1本200円だったと記憶している。

　名古屋の土地柄なのか、商売が忙しかったのか、新参者のわたしたちが、対面販売を楽しんでいたというと嘘になる。市場という割には、店主と会話した記憶はほとんどない。しかし、なかには、タクシーで乗りつけてきたかと思うと、若干の会話を楽しんだ足で、そそくさと帰っていく老人客も少なくなかった。

　あの市場が終焉を迎えたことを寂しく感じたことは事実

である。だが、駐車場もなければ、特定の顧客だけに愛想のよい店が長続きするとも思えなかった。事実、引越をしてからは、毎日の通勤路に位置するにもかかわらず、その市場を覗いたことはなかった。タクシーで乗りつけていた顧客ほどのノスタルジーがあるわけではないものの、それでも、その跡地にコンビニ（しかも、駐車場つき）が建設されることを知って、わたしは確実に高度経済成長期以前の生活様式にピリオドがうたれたことを痛感させられた。

　わたしは、「東南アジア社会の変容過程のフィールドワーク」といいつつ、結局は、いわば、すでに日本では経験不可能となった、かつての生活ごっこを、それがまだ可能な KK で楽しんでいるだけなのかもしれない。なにも、むかしながらの生活にもどろうと主張したいわけではない。「多様性の時代」を標榜しつつも、結果的に選択肢がせばまっていく、現在の日本の経済活動のあり方を残念に思うだけである。自分勝手でわがままな意見であることも、自覚している。しかし、市場とスーパーが、対面販売とセルフサービスが、並存できるような社会は実現できないものであろうか？

ほどよいスピードと視野をめざして

　面白い発見をした。つい先日、子どもの弁当にハンバーガーを作るため、スーパーでチルドの牛肉（オーストラリア産）を買った（RM60/kg）。ついでに「レタスを」と、野菜の棚を一瞥しておどろいた。なんと、30 リンギットのラベルが貼られているではないか。これもオーストラリア産だ。900 円強のレタスなど、ありえるだろうか!?　「キャベツで代用できる」などと妻と話ながら市場を覗いてみた。すると、市場には、近郊の高原で栽培されたレタスが 1 玉 3 リンギットで売られているではないか!!

レタスは、収穫したその瞬間から劣化がはじまるため、流通範囲を拡大させるために包装フィルムの改良がつづけられてきたというが[*4]、だからこそ、わざわざ遠くから運んでくるのではなく、地産地消することが理にかなっているといえないだろうか？　逆に、地域に産しないものを、スーパーにもとめるのも合理的だといえる。牛肉がそうだ（サバにもないことはないが、生産量が少ないうえ、かたくて、おいしくない。しかも、安くない）。また、生産から流通にかけ、規格と冷蔵を要する酪農製品もこの範疇にはいるだろう。これといって不満のないコタキナバルの食生活で、「食べたい」と思うもののひとつがチーズであり、「飲みたい」と思うのがワインである。もちろんピンキリとはいえ、日本の2、3倍もだして楽しむほどの余裕などあるはずがない。

　KKの市場はローカルなものをあくまでローカルに流通させているのに対し、スーパーは世界中の食品を提供している場なのだといえる。43万強というKKの人口規模がほどよいことはわかっている。だからこそ、ローカルな環とグローバルな環が相互に侵食することなしに、この両者の関係は、お互いに不足するものを補強しあうWin-Win関係にあるように見える。

　しかし、いまや、わたしたちの食生活は、ローカルな生産システムでは完結できないほどにゆたかさをもとめている。それは、日本でもマレーシアでも、同じことだ。わたしたちは、すでに外の世界を知っている。だからこそ、ローカルな環とグローバルな環とが、いかにリンクしうるのかを模索していく必要がある。ローカルが「スロー」、グローバルが「ファースト」とは断言できないまでも、規格と効率を重視するグローバルがよりファースト的な性格を帯びているといえなくもない。

*4　ジョシュ・シェーンヴァルド（宇丹貴代美訳）、2013、『未来の食卓——2035年グルメの旅』、講談社、82-83頁。

＊5　ジョージ・リッツア（正岡寛司訳）、2008、『マクドナルド化した社会──果てしなき合理化のゆくえ』21世紀新版、早稲田大学出版部。

　合理化を追求する社会をマクドナル化（McDonaldization＝マック化）と表現する社会学者のジョージ・リッツアは、その特徴として効率化（efficiency）、予測可能性（predictability）、計量可能性（calculation）、制御（control）の４つを指摘している。ハンバーガーを売るという目的を達成するために注文用タッチパネルを導入したり、ドライブスルーを設置したりするなど、最適な手段を徹底的に追求していくという効率性は、（どこの国の）どの店舗であろうとも画一化で均一化したメニューしか用意しないといったことにもあらわれている。しかし、このことが逆に消費者にとって、「マックに行けば、ビッグマックとポテトがある」という予測性を高め、安心感をあたえる効果をもたらすこととなる。おいしさの「質」は計量できないが、バーガーも、ポテトもコークもサイズ（量）で選択できるという計量可能性をもっている。××セットを注文し、そうした商品の量が多ければ、それだけ得した気分になるものだ。そして、制御とは、作業する人間の技量によって製品が変質しないようマニュアル化（機械化＝脱人間化）を徹底することである。

　これは、スーパーのあり方、そのものではないだろうか。スーパーに行けば、（買うかどうかは別として）輸入された冷凍サンマや冷凍サーモンがあることはわかっている（実は、冷凍マグロはKKのスーパーでは売られていない）。その価格も想像がつく。他方、いくら欲しくても、市場にマグロがないこともある。あっても、漁次第で価格は上下する。そうした不安定さや不便さに舌打ちしたくはなるものの、それでもやはり、生のマグロを食べる機会にめぐまれている環境は、贅沢の極みだと感じている。

　スローフード（ローカル）がよくてファーストフード（グローバル）が駄目などというつもりはない。第一、いく

らスローフード運動に共鳴したとしても、スローフードだけで生活できるものではない（スローに生きることが目的化しても無意味である）。問題は、食環境を包摂する、より大きな社会環境の急速な変化を自覚したうえで、スロー（ローカル）とファースト（グローバル）の間のバランスをいかにもとめ、いかに食生活をゆたかにしていくか、にある[*6]。

　2013年暮れの日本列島を騒がせた食品偽装問題に関する一連の報道に、わたしはマレーシアで接した。たかが半年間をマレーシアで暮らしたとはいえ、生鮮品と冷凍品の味の区別ができるほどの見識舌をもてたと断言できる自信はない。仮にわたしが日本にいたとして、食品偽装を見抜けたかもうたがわしい。しかし、この間、みずからが口にするものにこだわり、そこから世界をみすえる——ときにはスロー／ローカルに、ときにはファースト／グローバルに——訓練をつんできたことは事実である。その経験からいえることは、他者に強制されるのではなく、自分に見合ったスピードを選択することを楽しみ、自分なりの視野に奥行きをもたせていこうとする姿勢が肝要なのだ、ということである。自明のことではあるが、こうしてKKの市場通いを通じて確信できた、ささやかな結論である。

*6 Richard Wilk, ed., 2006, *Fast Food/Slow Food: The Cultural Economy of the Global Food System*, Lanham: Altamira Press.

点と点をつなぐ──解説にかえて

赤嶺　淳

　本稿では、祖父江論文の解説もかね、グローバリゼーション下の学問のあり方を大学教育の方向性にからめて論じてみたい。具体的には、学問の伝統（ディシプリン）にこだわらない自由な発想とアプローチの一例として「モノ研究」を奨励し、学問の実践性を重視するマルチ・サイテット・アプローチとの関係性で、聞き書きを軸とした市民研究の必要性について喚起したい。

雑文ってなによ？

　いわゆる「学術論文」には、それぞれの領域・分野ごとに一定のしきたりやルールが存在している。しかし、当然ながら、そうした規範は、同業者間での約束事でしかない。第一、専門がことなれば、それぞれが共有するルールも通じないことは珍しくなく、このことが異分野間の研究交流をむずかしくしている。

　そもそも、研究成果は、だれに還元すべきなのであろうか？　専門をおなじくするごく少数の同業者間で消費されれば、それでよいのであろうか？

　わたしが大学院に進学した1990年代初頭、「学際的研究」ということばが、さかんに喧伝されていた。あまりにも細分化し、隣接領域とのコミュニケーションが成立しづらくなった既成の学問のあり方を反省し、専門領域・分野の際を越えて、あらたな学問をつくっていこう、というものであった。

わたし自身、「東南アジア地域研究」という、東南アジアをフィールドとする自然科学者から社会科学者までの、多様な学問的出自をもつ人びとと現場を歩き、議論するという、学際性ゆたかな環境のなかで育ってきた。

それから四半世紀。あらためて東南アジア地域研究の魅力を語るならば、「学問の伝統にこだわらないフレキシブルさ」につきる。文理融合を標榜する学際性だけではない。成果還元を重視する姿勢も、東南アジア地域研究の特徴である。しかも、多様な人びととかかわる以上、おのずと現地とのかかわり方や成果還元の形態も多様なものとなる点もわくわくさせられる。

東南アジア研究は、フィールドワークを重視する以上、日本国内の研究だけで完結するわけはなく、現地での研究交流が必要となる。そして、そのパートナーといえば、現地の大学の先生はいうまでもなく、ジャーナリスト、NPO活動家、映像作家、アーティストなどと、さまざまである（わたしの場合は、水産関係者も重要なパートナーである）。当然、そうした国際交流の現場では、日本の学界で支配的なしきたりなど、たいした力をもちえない。

したがって、成果の還元方法も、学会誌に学術論文を発表するという、従来の研究の定石だけに限定されることもない（もちろん、否定はしていない）。映画を撮ってもいいし、現地で運動に従事するのもよい。つまり、研究同様、その成果還元の方向性も、さまざまに開かれているのである。

成果還元についての上記の姿勢は、なにも特筆すべきことではないかもしれない。しかし、学界において、いや、日本の大学において、研究成果の現地還元が意識されるようになったのは、ここ数年のことなのである。それまでは、学術論文以外は、「雑文」と称され、評価の対象とはなり

えなかった。同様にいまでこそ学外における講演や小中高校への出前講義も奨励されてはいるが、かつての大学はそうではなかった。

極言すれば、「大学人は研究室にこもり、同業者を相手にした学術論文を書いていればよく、それ以外の雑文や学外での講演などはジャーナリストの仕事だ」といった了解が大学人間で共有されていた時代が存在したのである。しかも、質が悪いことには、こうした文脈で語られる「ジャーナリスト」には、やや侮蔑的なニュアンスがこめられているのが普通だった。しかし、わたしは、おなじ文筆家としてライバル視していたからこそ、みずからの立場（アカデミズム）とジャーナリズムをことさらに差別化する必要があったものと理解している。

冷戦からグローバリゼーションへ

グローバリゼーションについて積極的に発言をしている米国人ジャーナリストのトーマス・フリードマンは、グローバリゼーションを冷戦崩壊後の世界システムととらえ、東西両陣営への分断が冷戦下の世界システムであったならば、グローバル化システムの特徴は市場の統合だという［フリードマン 2000 上：29-30］。米ソという超大国の均衡で維持されていた冷戦下の世界システムを構成した単位は国家であった。しかし、それまでバラバラに進化していたIT技術、投資方法、情報収集法という3つの変化が1980年代後半に一気に統合した結果、冷戦下に築かれたあらゆる壁が瓦解し、世界はグローバル化システムに統合された、とフリードマンは主張する。

学問も同様ではなかろうか？　それぞれの学問分野・領域の型が構築されたのは、もちろん冷戦下のことであった。いまや冷戦下の世界システムが崩壊し、グローバリゼーシ

ョンが誕生した以上、いま一度、現代社会に適応しうる、あらたな学問の枠組がもとめられてしかるべきではないか？　学際性の必要性が強調されていた1990年代初頭、まだ、グローバリゼーションということばは一般的ではなかったし、大学を卒業したばかりのわたしには感知しえなかったが、いまから考えるに、当時の学界が感じていた危機感は、フリードマンのいう冷戦下に構築された諸制度が崩壊し、あらたな価値観を創出せざるをえなかった、その焦りだったもののように思われる。

　わたしは、なにもフリードマンがいうグローバル主義者（グローバリスト）を賛美したいわけではない。しかし、世界を駆けめぐるフットワークのよさといい、世界を多次元から複眼的に眺め、かつその複雑な現代社会の様相を平易な文章で報告する、かれの著述姿勢に共感している。フリードマン［2000上：41］はいう。

　　現在、政治や文化、技術、金融、国家安全保障、生態環境学をおのおの独立させていた伝統的な境界が、どんどん消滅している……。このうちのどれかひとつの問題を説明しようとすれば、しばしばほかの問題にも触れなくてはならず、全体を説明しようとすれば、個別の問題すべてに触れなくてはならない。つまり、有能な国際情勢コラムニスト、あるいは記者でありたいなら、たがいに共通性のないさまざまな見地から情報を仕入れ、……それらの情報をひとつに撚り合わせる方法を学び、ただひとつの見地に立っていたらけっして手に入らないはずの一枚の大きな世界図を織り上げる必要がある。……人と人とがこれまでになく密接に結びついたこの世界では、さまざまな関係を読み取り、点と点を結んでいく能力こそ、ジャーナ

リストが提供できる本当の付加価値になる。相互関係を読み取らないと、世界全体を見たことにはならない。
（傍点引用者）

　本稿でわたしが強調したいことは、上に引用したフリードマンの主張につきる。これまで冷戦システム下よろしく細分化されてきた学問を、有機栽培で育った野菜のように、より太く、全体を俯瞰できるものに再構築していこう、というものである。そのためにも、ジグソーパズルのように1枚、1枚のピースを埋めては剥ぎ、剥いでは埋め、自分なりの世界図を完成させるために、さまざまな業種、ことなるキャリア、立場の人びとと交流し、発想と眼を鍛えていく必要がある。

マルチ・サイテット・アプローチへの期待

　フリードマンと類似の主張を、グローバリゼーション下にある今日の学問のあり方を模索しつづけてきた文化人類学者のジョージ・マーカス（George Marcus）もおこなっている。かれは、文化人類学の伝統でもあり、基本でもある、ひとつの調査地での調査だけでは不十分で、複数の地域におけるフィールドワークを奨励する。それは、ある特定の調査地のおかれた状況をより大きな文脈——グローバリゼーション——に位置づけることが必要だからである。
　マーカスが提唱し、「マルチ・サイテット・アプローチ（MSA: multi-sited approach）」として知られる、この研究手法は、文字どおりに複数（multi-）の場所（site）での調査を前提としている［Marcus 1995］。かれ自身が期待を寄せるように、MSA は、商品の生産・分配・消費という一連の資本主義システムの研究に適しているであろうし［マーカス 1996: 311］、移民の国際移動の研究にもむいて

いる［Coleman and von Hellermann eds. 2011; Falzon ed. 2009］。

　しかし、MSA の魅力は、ただ単に複数の調査地で調査研究することではない。マーカスが採用した site の同義語として、より主体的な「立ち位置」とも訳すべき position（ポジション）を想定し、そのことの意義を重視すべきではないか、とわたしは考えている。たとえば、マーカスが事例として述べるように、HIV 患者支援組織の研究をおこなう研究者がいたとしよう。その過程で、研究者が調査と並行して患者の支援運動にかかわることは、当然な帰結であろう。そもそも研究と運動・実践のあいだに明確な線を引くことなど、困難なのである［Marcus 1995: 113］。マーカスがわざわざ MSA なる術語を創造し、研究実践を主張することは、裏をかえせば、米国でも日本と同様に研究と運動・実戦のあいだに大きな壁があったことを意味している。

　日本語の「二足の草鞋」には、どことなくネガティブなイメージがつきまとうが、マーカスが MSA に託した心は、研究者と運動家なり、研究者とプロデューサーなり、なんでもいいから、とにかく複数の草鞋を履いてみよう、ということである。そして、より重要なことは、草鞋の履き方を議論するのではなく、まず履いて歩いてみようという、行動／実践なのである。

鶴見良行と村井吉敬のアジア学

　実は、日本には、マーカスのいう MSA の実践者が少なくない。たとえば、東南アジアの文脈でいえば、岩波新書の『バナナと日本人』［1982］の著者である鶴見良行さんや、『エビと日本人』［1988］を著した村井吉敬さんである。書名から想像できるように、それぞれ、バナナとエビ

という商品（モノ）に着目したモノ研究の名著である。

　鶴見さんの著作は、バナナという食材の生産から流通過程にみられる資本関係の構造を俯瞰し、その歴史的派生過程までを詳述した労作である。しかも、搾取される労働者たちの様子を描きながらも、その行間には、その搾取の恩恵を「安いバナナ」として享受する日本の消費者たちへの批判がこめられている。『バナナと日本人』の反響は大きく、その結果として近年、日本にもフェアトレードへの関心が高まってきたことに留意してもらいたい。自身の健康を気づかう日本の消費者が一方的に低農薬バナナをもとめるのではなく、バナナ生産者の支援にまで運動を拡大してきたことを物語っているからである。

　鶴見さんの研究仲間でもあった村井さんは、『エビと日本人』で、インドネシアと台湾の調査を中心に、日本人が消費するエビが生産されている現場で作用している政治経済的力学をあきらかにしてみせた。天然エビを漁獲するためにトロール船が操業した海域、またエビの養殖池を造成するためにマングローブが伐採された海域における環境破壊について注目しているあたりや、点と点をつないでエビ産業の全体像にせまろうという姿勢は、「グローバリゼーションと環境問題」という現代的課題を先取りした著作となっている。鶴見さんの著作同様に、そうしたエビをめぐってグローバルに展開する政治経済に無関心に、ただただ廉価なエビに群がる日本の消費者への怒りが行間から透けてみえる。

　鶴見さんや村井さんの学風について、あえて「何学か？」と問われれば、「アジア学」なり、「東南アジア学」と形容せざるをえない。しかし、ここで重要なのは、伝統的な政治学や経済学といった学問の型にはまってはいないことである。両者の手法は、バナナやエビという具体的な

商品に注目し、現場を歩き、かつ関連分野の文献を渉猟したうえで、学術用語をもちいることなく、市井の人びとにむかって、わかりやすい文章で研究成果を還元した、という点で共通している。このことは、ふたりともNPO活動に積極的にかかわってきた運動家であったことと無関係ではありえない。両氏のアジア学は、研究か実践かの二者択一ではなく、研究と実践の草鞋をみごとに履きこなした点に特徴がある。

大学では人は育たない？

その鶴見良行さんの口癖は、「大学では人は育たない」だった。学生時代、鶴見さんの「追っかけ」をしていただけに、わたしは、この意図をはかりかねていた。しかし、この13年間、まがりなりにも大学で働いてみて、鶴見さんのいわんとすることが、おぼろげながらも理解できるようになった（気がする）。同僚のおおくは保守的で、みずからが育ってきた専門領域・分野の「しきたり」に忠実なあまり、そうした領域で支配的な「型」（大学用語でいうディシプリン）に学生をはめようとやっきになっているのである。学科のカリキュラムの構想しかり、卒業論文の指導しかり、である。

もちろん、スポーツであれ、芸術であれ、膨大な練習があって基本型を修めることができ、そのうえにはじめて創造性が発揮できることは理解できる。当然ながら、「ローマは一日にしてならず」は、学問にもあてはまる。しかし、たった4年間の大学生活で、しかも、ゼミ教育など2年間しかないなかで、既成の型を強制すると、うわべだけ先行研究をなぞった作品しか生産できないのが現状である。

そうではなく、荒けずりでもいいから、学生が研究対象にのめりこみ、じっくりと格闘し、自主性・創造性を発揮

できる著作を奨励できないものであろうか？

モノ研究と聞き書きの可能性

　経済学でもいいし、人類学でもいい。従来のディシプリン型の研究だと、最初から「型」が決まっているので、エビを研究対象に選択したら、それぞれの型にエビをどのようにはめこむかに四苦八苦することになる。むしろ、こうした理念・理論に通じるのが大学での勉強なのであって、一般に卒業論文は、そうした知識と技術を応用するのが正しいあり方だとされている。

　しかし、経験も学識もあさく、資金力も乏しい学生たちが、一定期間で成果を出すのは簡単であるはずがない。しかも、インターネット時代の今日、知識の量を競っても無意味である。フリードマンがいうように、点と点のつなぎ方にこそ、オリジナリティをもとめるべきであろう。そうした意味において、商品の生産・流通・消費の過程における点をつないでいこうとするマーカスの MSA は、とっつきやすいのではなかろうか。

　こうしたことからも、また自身の経験からも、わたしは「モノ研究」と「聞き書き」に、大学教育の可能性が隠れているのではないか、と考えている。祖父江さんの研究動機は、本人が語るように、村井さん的世界を追体験するためにインドネシアに行き、まだインドネシア語もままならない段階でエビ養魚池を訪問したところ、「日本ではどうやってエビが食べられているのか」と訊かれたことに対して、答えることができなかった、という自身の経験にもとめられる。だからこそ、日本におけるエビの消費実態にせまるべく、冷凍食品について傾倒し、夢中となってマニアックに食べ、調べあげたのである。

　かれは決して理念的に冷凍エビを理解しようとはしてい

ない。ディシプリン型の卒業研究とモノ研究のちがいはここにある。かれが食べたというパッケージの写真をもう一度、見てほしい（裏表紙写真参照）。また、ホッカイロを握りしめながらエビのはいった冷凍食品を調べている姿を想像してみてほしい。「大変だなぁ」と感心こそすれ、「なにもそこまで」などと同情はしないはずだ。それは、かれ自身がエビにはまって、自主的に主体的に調査課題を見いだしてきた過程が想像できるからである。読者にも、「じゃぁ、今晩はエビにして、パッケージでも見てみるか」と思わせるほどの感情移入ぶりである。

　モノ研究は商品（モノ）の生産から流通、消費の現場をつなぐ研究手法だとされている。しかし、そのおおくは、生産と流通の現場に比重がかたむいている傾向がある。もちろん、そこには著者の意図と戦略があるわけであるが、『バナナと日本人』も、『エビと日本人』も具体的な消費の現場についての記述はわずかである。その意味においても、現代日本におけるエビ消費を冷凍食品産業の発展史という視点から描いた祖父江さんの著作は、資料的価値に富んでいる。

　エビの消費実態を調べるにあたっては、もちろん、スーパーや魚屋さんでの店頭観察やレストランや食堂での参与観察が有効である。しかし、それを一定程度の時間軸での変化を調べるとなると、「当時は、どうであったか」をインタビューすることになる。そうした作業を「聞き書き」と呼んでいる。聞き書きについては、すでに別に論じているので繰りかえさないが［赤嶺編 2011、2013；赤嶺監修 2013、2014］、祖父江さんも、みずからがインタビューした内容にくわえ、すでに公刊されている「聞き書き」譚を上手に使い、高度経済成長期以前の「食」の再構築に成功している。

「市井の人びとの経験に学ぶ」。当たり前のようでいて、なかなか実践するのがむずかしいことでもある。祖父江さんがインタビューした人は、玉木裕子さんにしろ、木村次子さんにしろ、ことさら特殊な人生を歩まれてきた方ではない。いわば、偶然の逸話かもしれない。しかし、祖父江さんがおこなったように複数の「聞き書き」譚と比較検討することで、そうした人びとが生きた時代の息吹に触れることができる。もし、祖父江さんが、業界関係者の回顧談だけにもとづいてエビ産業と冷凍食品の発展史を叙述したとしたら、それはエビ産業史ではあっても、人びとの生活と切れた、乾いた文章になっていたはずだ。

MSAと市民研究へのいざない

　鶴見さんや村井さんの作品がしめすように、すべてのモノ研究は、現状批判にはじまる。祖父江さんが主張したかったことは、「エビ製品の多様性」だけであるわけはない。日本におけるエビ消費の実態を知らずして、安易に養殖現場を訪問してしまったことから、かれはなにを学んだのであろうか？　祖父江さんは、円と（インドネシア）ルピアの格差、日本人とインドネシア人に横たわる見えない距離を痛感したはずだ。もし、あそこで池主さんから「おぉ、よく来た」などと大歓待をうけていたら、この祖父江論文は誕生しなかったにちがいない。

　この論文で、日本とインドネシアの距離が縮まったなどというつもりはない。しかし、祖父江さんにとっては、大きな一歩となったはずである。

　祖父江さんは、卒業後、商社マンとして東南アジアとかかわっていこうとしている。祖父江さんが消費現場の調査に没頭したのは、実は、調査資金にめぐまれていなかったからかもしれない（祖父江さんも、東南アジアを歩きまわり、

さまざまなエビ狂いの人びとと語りあいたかったにちがいない)。しかし、これからはちがう。まさに生産現場と消費現場の点と点を飛びまわり、多様な人びととかかわる毎日が予想される。10年後でもいい、20年後でもいい。次作では、そうしたマルチ・サイテットな現場で鍛えられた祖父江さんしか描けない世界の点描画を楽しみにしている。

わたしも、「大学では人は育たない」という鶴見良行さんの口癖を胸に、さまざまな関係者を組織した市民研究の活動を手がけていきたいとの決意を新たにしたところである。

文献

赤嶺　淳編
　　2011、『クジラを食べていたころ——聞き書き　高度経済成長期の食とくらし』、グローバル社会を歩く①、グローバル社会を歩く研究会。

赤嶺　淳編
　　2013、『バナナが高かったころ——聞き書き　高度経済成長期の食とくらし2』、グローバル社会を歩く④、グローバル社会を歩く研究会。

赤嶺　淳監修
　　2013、『海士伝　隠岐に生きる——聞き書き　島の宝は、ひと』、グローバル社会を歩く⑤、グローバル社会を歩く研究会。

赤嶺　淳監修
　　2014、『海士伝2　海士人を育てる——聞き書き　人がつながる島づくり』、グローバル社会を歩く⑥、グローバル社会を歩く研究会。

フリードマン、トーマス・L.
　　2000、『レクサスとオリーブの木——グローバリゼー

ションの正体』上・下巻、東江一紀・服部清美訳、草思社。
マーカス、ジョージ・E.
1996、「現代世界システム内の民族誌とその今日的問題」、足羽與志子訳、クリフォード・ジェイムス、ジョージ・マーカス編、『文化を書く』文化人類学叢書、春日直樹ほか訳、紀伊國屋書店、305-395 頁。
Coleman, Simon and Pauline von Hellermann eds., 2011, *Multi-Sited Ethnography: Problems and Possibilities in the Translocation of Research Methods*, Routledge advances in research methods 3, London: Routledge.
Falzon, Mark-Anthony ed., 2009, *Multi-Sited Ethnography: Theory, Praxis and Locality in Contemporary Research*, Burlington, VT: Ashgate.
Marcus, George E., 1995, Ethnography in/of the World System: The Emergence of Multi-sited Ethnography, *Annual Review of Anthropology* 24: 95–117.

謝辞

　本書は、江頭ホスピタリティ事業振興財団による 2013 年度研究開発事業研究助成「現代社会における食生活誌学の意義と可能性——高度経済成長期における食生活の変容に関する基礎資料の収集と作成」に負っています。また、本書に収めた「ローカルな舌とグローバルな眼をもつ」は、日本財団アジアフェロー（API フェロー）としてマレーシアに滞在した日常生活をふりかえって執筆したものです。両財団には、貴重な機会を提供していただき、感謝しています。ここに記し、お礼もうしあげます。

なお、本書の作成にあたっては、わたしが運営する地域研究ゼミで祖父江さんと同級生の柴田沙緒莉さんと津田成美さんにも、さまざまな支援を頂戴しました。留年生ばかりが集った小さなゼミでしたが、それぞれの個性が刺激的にぶつかりあう、非常に活気あるゼミでした。「聞き書き」実践もふくめ、本稿で論じたことは、彼女たちとの議論から学ばせてもらったことも少なくありません。この場を借り、感謝の気持ちを伝えたいと思います。

　最後に、本書を2013年3月23日に急逝された村井吉敬先生にささげます。

著者紹介

祖父江智壯(そぶえ・ともたけ)
2009年、名古屋市立大学人文社会学部国際文化学科入学。2011年にインドネシア国立ハサヌッディン大学への1年間の留学を経て2014年3月、卒業。おもな著作に『海士伝　隠岐に生きる——聞き書き　島の宝は、ひと』(共編者、グローバル社会を歩く研究会、2013年)がある。

赤嶺　淳(あかみね・じゅん)
名古屋市立大学・大学院人間文化研究科・准教授。専門は東南アジア地域研究、食生活誌学、フィールドワーク教育論。おもな著作に『ナマコを歩く——現場から考える生物多様性と文化多様性』(新泉社、2010年)、『グローバル社会を歩く——かかわりの人間文化学』(編著、新泉社、2013年)、*Conserving Biodiversity for Cultural Diversity*(Tokai University Press, 2013)などがある。

グローバル社会を歩く⑦
高級化するエビ・簡便化するエビ——グローバル時代の冷凍食

2014年3月31日　初版第1刷発行

著者　　祖父江智壯、赤嶺　淳
発行　　グローバル社会を歩く研究会
　　　　〒467-8501　名古屋市瑞穂区瑞穂町山の畑1
　　　　名古屋市立大学・大学院人間文化研究科
　　　　課題研究科目「グローバル社会と地域文化」
　　　　Tel 052-872-5808　　Fax 052-872-1531
発売　　株式会社　新泉社
　　　　〒113-0033　東京都文京区本郷2-5-12
　　　　Tel 03-3815-1662　　Fax 03-3815-1422　　振替・00170-4-160936番

ISBN978-4-7877-1322-3　C1339

シリーズ「グローバル社会を歩く」の刊行にあたって

このたび、「グローバル社会を歩く」と銘打ったシリーズとして、調査報告集を刊行することとなりました。

そもそも「グローバル社会を歩く」は、名古屋市立大学・大学院人間文化研究科の「グローバル社会と地域文化」に所属する教員有志ではじめた研究会です。わたしたちは、文化人類学、社会学、社会言語学、地域研究を専門とする教員で構成されています。おたがいが研究対象とする地域も北米、中国、ヨーロッパ、東南アジア、日本とバラバラです。共通点は、ただひとつ。みながフィールドワークを研究手法に据えているということです。

現代が、モノ、情報、資本の往来するグローバル化時代であることは、いうまでもありません。世界が小さくなったといわれる今日、地域社会はどのような問題を抱えているのでしょうか？ こうした素朴な疑問にこたえるために、二〇一〇年、わたしたちは「グローバル社会を歩く」という研究会をたちあげました。

フィールドワークは、「歩く・見る・聞く」と表現されることがあります。名言、そのものです。しかし、わたしたちが研究会の名称に託した「歩く」には、別の意味もこめられています。それは、ただ単にフィールドを「歩き」、観察するだけではなく、フィールドの人びとと一緒に「歩む」ということです。研究成果の地域還元について真摯にとらえたい、という意思表示なのです。

この調査報告シリーズでは、地域社会での生活変容を具体的に記録することを一義的に考えています。つたない報告書ではありますが、フィールドワークで得た生の声を届けることから、わたしたちの「歩み」をすすめたいと存じます。みなさまからのご批判をお待ちしています。

二〇一二年十一月

グローバル社会を歩く研究会